配电自动化终端
建设及改造

国网浙江省电力有限公司　组编

中国电力出版社
CHINA ELECTRIC POWER PRESS

内 容 提 要

配电自动化是提高供电可靠性的重要技术手段，本书针对配电自动化工作中遇到的问题，从配电自动化典型设计、现场查勘、施工、验收等阶段进行阐述。本书共八章，包括配电自动化概述、配电线路网架、配电自动化终端设备、馈线自动化实现模式、配电自动化工程现场查勘、配电自动化系统建设、配电自动化工程施工、配电自动化工程验收及联调等内容。

本书可供配电自动化工程建设等相关专业的技术和管理人员学习参考，也可以作为配电自动化专业的培训教材。

图书在版编目（CIP）数据

配电自动化终端建设及改造/国网浙江省电力有限公司组编．—北京：中国电力出版社，2021.12（2023.8重印）

ISBN 978-7-5198-5912-1

Ⅰ.①配…　Ⅱ.①国…　Ⅲ.①配电自动化—终端设备—建设②配电自动化—终端设备—改造　Ⅳ.①TM76

中国版本图书馆CIP数据核字（2021）第167905号

出版发行：中国电力出版社
地　　址：北京市东城区北京站西街19号（邮政编码100005）
网　　址：http：//www.cepp.sgcc.com.cn
责任编辑：刘丽平　王蔓莉
责任校对：王小鹏
装帧设计：赵丽媛
责任印制：石　雷

印　　刷：固安县铭成印刷有限公司
版　　次：2021年12月第一版
印　　次：2023年8月北京第二次印刷
开　　本：710毫米×1000毫米　特16开本
印　　张：12.25
字　　数：195千字
印　　数：1001—1500册
定　　价：50.00元

本书编写人员名单

主　　编　李　晋

副 主 编　闵　洁　高旭启

编写人员　秦　政　赵家婧　王璐琦　李　亚

张蔡洧　张鲲鹏　翁　迪　倪　震

林恺丰　陈磊磊　赵周武　吴佩颖

吴子杰　梁轶竣　董勇腾　苗佳麒

前　言

配电自动化是电力系统自动化在配电网中的应用，它以一次网架和设备为基础，以配电自动化系统为核心，综合利用多种通信方式，实现对配电系统的监测和控制。配电自动化作为智能配电网发展的重要组成部分，是提高供电可靠性、提升优质服务水平以及提高配电网精益化管理水平的重要手段，是配电网现代化、智能化发展的必然趋势。

配电自动化涉及一次设备、通信、自动化等相关专业，覆盖面广，由于配电自动化相关技术人员相对不足且人员的运维能力有所欠缺，因此加强配电自动化技术人员的培训对配电自动化的发展具有重要意义。

为推动配电自动化专业的发展，由国网浙江省电力有限公司培训中心牵头，协同浙江省内各地市供电公司编写了《配电自动化终端建设及改造》一书。本书适合新员工入门学习，能够满足新员工的培训需求，同时也可供从事配电自动化规划设计、工程建设等相关专业的技术人员参考。

本书依托国网浙江省电力有限公司培训中心湖州分中心配电自动化实训基地的培训实践，对配电自动化典型设计、现场查勘、施工、验收等阶段的内容进行系统地阐述，将理论讲解与实际操作相结合，注重分析现场遇到的典型案例和典型场景。同时，各编写专家将现场经验融入案例讲解当中，使学员能够学以致用，举一反三。

本书的主要内容包括配电自动化概述、配电线路网架、配电自动化终端设备、馈线自动化实现模式、配电自动化改造工程现场查勘、配电自动化系统建设、配电自动化工程施工、配电自动化工程验收及联调等，希望读者通过学习本书，能够全面掌握配电自动化的基础知识、基本技能，提升配电自动化工程管理能力。

在本书编写的过程中，我们查阅了大量的参考文献，在此向所有参考文献的作者表示感谢！

鉴于编者水平有限，书中疏漏与不妥之处在所难免，恳请各位读者不吝指教。

编者

2021 年 7 月

目　录

第一章 配电自动化概述

配电自动化是电力系统自动化在配电网中的应用，是配电管理的重要手段，全面服务于配电网调度运行和运维检修业务。本章介绍了配电自动化系统的构成、配电自动化相关术语及定义，阐述了配电自动化的发展历程和应用现状。通过学习，可帮助了解配电自动化、掌握配电自动化的概况。

第一节 配电自动化基本定义

配电自动化是电力系统自动化在配电网中的应用，它以一次网架和设备为基础，以配电自动化系统为核心，综合利用多种通信方式，实现对配电系统的监测和控制，并通过与相关应用系统的信息集成，实现对配电系统的科学管理以及对中压配电网的能观、能控，是提升配电网精益化管理水平的客观需求，也是实现智能配电网的物质基础和发展起点。

配电自动化作为配电管理的重要手段，全面服务于配电网调度运行和运维检修业务。配电自动化建设是以一次网架和设备为基础，统筹规划，分步实施。结合配电网接线方式、设备现状、负荷水平和不同供电区域的供电可靠性要求进行规划设计，统筹应用集中、分布和就地式馈线自动化装置，合理配置“三遥”（遥测、遥信、遥控）自动化终端，提高“二遥”（遥信、遥测）自动化终端应用比重，力求功能实用、技术先进、运行可靠。

一、配电自动化系统构成

配电自动化系统主要由主站、配电终端和通信网络组成，通过采集中低压配电网设备运行的实时、准实时数据，贯通高压配电网和低压配电网的电气连接拓扑，融合配电网相关系统业务信息，实现对配电网的监测、控制和快速故障隔离，支撑配电网的调控运行、故障抢修、生产指挥、设备检修、规划设计等业务的精益化管理。配电自动化系统架构见图 1-1。

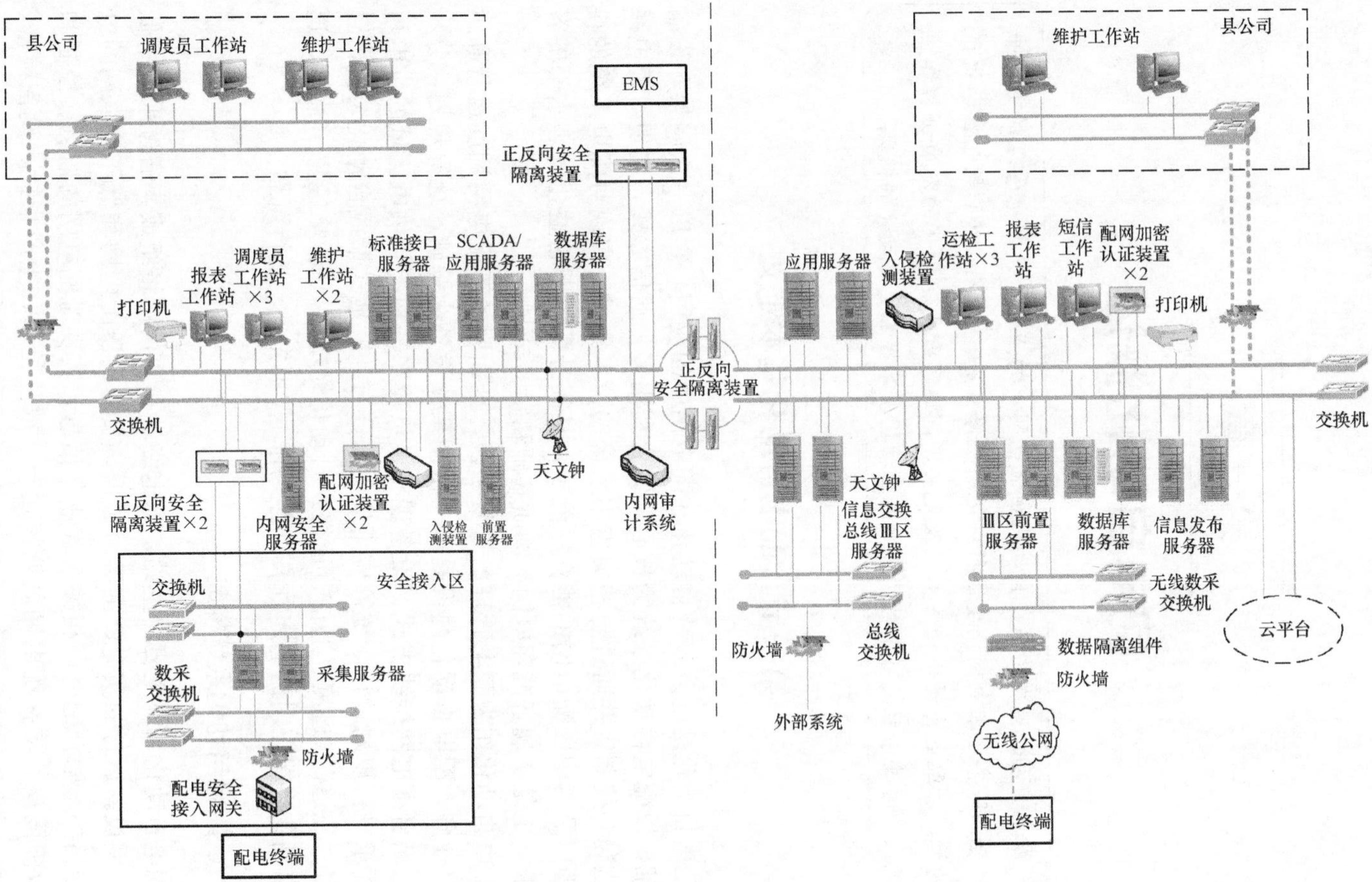

图 1-1　配电自动化系统构成

配电自动化应与配电网建设改造同步设计、同步建设、同步投运，遵循“标准化设计，差异化实施”原则，充分利用现有设备资源，因地制宜地做好通信、信息等配电自动化配套系统及设备建设。配电自动化系统的规划设计应遵循经济实用、标准设计、差异区分、资源共享、同步建设的原则，并满足安全防护要求，具体包括：

(1) 经济实用原则。配电自动化规划设计应根据不同类型供电区域的供电可靠性需求，采取差异化技术策略，避免因配电自动化建设造成电网频繁改造，注重系统功能实用性，结合配电网发展有序投资，充分体现配电自动化建设应用的投资效益。

(2) 标准设计原则。配电自动化规划设计应遵循配电自动化技术标准体系，配电网一、二次设备应依据接口标准设计，配电自动化系统设计的图形、模型、流程等应遵循国标、行标、企标等相关技术标准。

(3) 差异区分原则。根据城市规模、可靠性需求、配电网目标网架等情况，合理选择不同类型供电区域的故障处理模式、主站建设规模、配电终端配置方式、通信建设模式、数据采集节点及配电终端数量。

(4) 资源共享原则。配电自动化规划设计应遵循数据源端唯一、信息全局共享的原则，利用现有的调度自动化系统、设备（资产）运维精益管理系统、电网地理信息系统（geographic information system，GIS）平台、营销业务系统等相关系统，通过系统间的标准化信息交互，实现配电自动化系统网络接线图、电气拓扑模型和支持电网运行的静、动态数据共享。

(5) 规划建设同步原则。配电网规划设计与建设改造应同步考虑配电自动化建设需求，配电终端、通信系统应与配电网实现同步规划、同步设计。对于新建电网，配电自动化规划区域内的一次设备选型应一步到位，避免因配电自动化实施带来的后续改造和更换。对于已建成电网，配电自动化规划区域内不适应配电自动化要求的，应在配电网一次网架设备规划中统筹考虑。

(6) 安全防护要求。配电自动化系统建设应遵循《电力二次系统安全防护规定》[国家电力监管委员会令第5号] 等有关技术要求及国家电网有限公司（简称国家电网公司）关于中低压配电网安全防护的相关规定。

二、配电自动化相关的专业术语

1. 配电自动化（distribution automation）

配电自动化以一次网架和设备为基础，以配电自动化系统为核心，综合利用多种通信方式，实现对配电系统的监测与控制，并通过与相关应用系统的信息集成，实现配电系统的科学管理。

2. 配电自动化系统（distribution automation system）

配电自动化系统是实现配电网的运行监视和控制的自动化系统，具备配电监控与数据采集系统（supervisory control and data acquisition，SCADA）、馈线自动化、电网分析应用及与相关应用系统互连等功能，主要由配电自动化系统主站（简称配电主站）、配电终端、配电子站（可选）和通信通道等部分组成。

3. 配电 SCADA（distribution SCADA）

配电 SCADA 也称 DSCADA，指通过人机交互，实现配电网的运行监视和远方控制，为配电网运行和调度提供服务。

4. 配电主站（master station of distribution automation system）

配电主站是配电自动化系统的核心部分，主要实现配电网数据采集与监控等基本功能和电网分析应用等扩展功能。

5. 配电终端（remote terminal unit of distribution automation system）

配电终端是安装于中压配电网现场的各种远方监测、控制单元的总称，主要包括配电开关监控终端，也称馈线终端（feeder terminal unit，FTU）；配电变压器监测终，即配电变压器终端（transformer terminal unit，TTU）；开关站和公用及用户配电所的监控终端，即站所终端（distribution terminal unit，DTU）等。

6. 馈线自动化（feeder automation）

馈线自动化是利用自动化装置或系统，监视配电线路的运行状况，及时发现线路故障，迅速诊断出故障区间并将故障区间隔离，快速恢复对非故障区间的供电。

7. “三遥”

“三遥”是指遥测（telemetering）、遥信（remote signalling）、遥控功能（remote control）。遥测是指应用通信技术，传输三相电压、电流等被测量的值；遥信是指完成对设备状态信息的监视，如告警状态或开关位置等；遥控是指应用通信技术，完成改变开关设备运行状态等的命令。

第二节　配电自动化发展历程

一、国外配电自动化发展历程

相对调度自动化和变电站自动化而言，配电自动化是起步较晚的专业领域。国外自 20 世纪 70 年代起进行配电自动化技术的研究和应用，大体经历了三个阶段：①基于自动化开关设备相互配合的馈线自动化系统；②基于通信网络、馈线终端单元和后台计算机网络的实时应用系统；③结合了配电 GIS 应用系统（基于地理信息背景的自动成图和设备管理，即 AM/FM/GIS)、停电管理系统、故障抢修服务、配电工作管理等，并与需求侧负荷管理、调度自动化系统等结合的综合配电自动化系统。

在一些工业发达国家，城市配电网络都已成型且结构较完善，为配电自动化创造了良好基础。但是，许多国家并没有大面积实施馈线自动化，而只是在一些负荷密集区和敏感区实施馈线自动化。特别值得一提的是，他们很重视配电基础资料管理，重视配电抢修管理，通过先进工具和手段来提高配电运行管理工作效率，最终体现在对客户的优质服务上。

集中控制型配电自动化系统在世界上应用相当广泛，例如：全面应用于日本东京、大阪、京都等城市，奥地利维也纳，法国 EDF 公司、中国香港、新加坡等地的中压电网；在韩国中压电网的应用覆盖率已达 58%；美国长岛、卡罗兰纳、南加州分别在 120 多条、1000 多条、3100 多条中压线路上应用；英国伦敦中压电网安装终端 5000 多套，用户年均停电时间降低了 33%。我国的智能配电网试点城市，如北京、杭州、厦门、银川、广州、深圳等地，也都不约而同地选择了这种控制形式。在全球各大城市中，集中控制型配电自动化系统应用最为成熟的当属日本、法国和新加坡。

日本的九个供电公司由于历史和自然的因素，他们在提高配电网可靠性方面的侧重点也不一样。日本九州电力与东京电力公司都基本实现了中压馈线的自动化。

东京区内人口密度大，自然环境相对稳定，东京电力公司因此强调设备的预防维护，在配电网建设中主要着眼于以设备安全性和可靠性的投入来提高供电质量。

九州电力的配电网主要以架空线为主，地下电缆的占比不到4%，并且由于地处日本最南端，自然灾害导致的线路故障在所难免，因此应该在事故后的故障处理和供电恢复上花工夫，推广了配电自动化技术。

日本东京电力公司1986年以后的供电可靠率都在99.99%以上，对应的用户平均停电时间基本上小于0.876h（约53min）。2008年东京电网用户平均停电时间3min，系统平均停电频率0.12次，供电可靠性位于世界最高水平之列。

日本在20世纪60～70年代研究开发了各种就地控制方式和配电线路开关的远方监视装置，高电压大容量的配电方式，以解决大城市配电问题并着手开发依靠配电设备及继电保护进行配电网络运行自动化的方法。到1985年，采用GIS、真正意义上的大规模配电自动化系统改造工作才取得实质性进展；1986～1990年，北陆电力、关西电力、四国电力、东北电力、中部电力、北海道电力先后引入数据采集系统（distribution automation system，DAS）。截至1986年，日本约86.5%的配电线路实现了故障后按时限自动顺序送电，其中6.7%实现了配电线路开关的远方监控。在1994年，九州电力实现100%开关的远动化；在1996年，开发功能分散型的DAS（UNIX服务器）；1997年，完成多服务器型开放型系统开发；到2001年，在九州电力已有80个DAS投运。

新加坡在20世纪80年代中期投运大型配电网的SCADA系统，在90年代加以发展和完善，其规模最初覆盖其22kV配电网的1330个配电所，到21世纪初，已将网络管理功能扩展到6.6kV配电网，主站年度平均可用率为99.985%。为了使故障恢复时间最小化，并有效地利用设施节省工程领域的劳动，新加坡电力公司将配电自动化系统发展到所有22个分公司。

为了应对配电网所面临的新环境，例如分布式电源的大规模接入及设备对电能质量和用电可靠性要求的不断提高，新加坡发展了高级配电自动化系统（advanced DAS，ADAS）。ADAS已经在新加坡的一些地区正式投入使用。通过利用ADAS掌握的精确数据进行配电网精准运行，新加坡电力公司正在着眼于发展配电设施的高级应用及电力供应的可靠性管理技术。

为了满足对电能质量更高的要求及缓解大范围分布式电源对大电网的冲击，新加坡电力公司发展了支持实时监测配电线数据的ADAS以对电能质量进行管理，这种实时监测功能利用信息技术（information technology，IT）

实现。在ADAS内，装备了大量带有内置传感器的开关，这些开关被用来监视并测量配电网的零序电压和零序电流。同时，带有TCP/IP接口的RTU可以对测量的数据进行计算并通过光纤网络把数据传输回中心控制系统，这些高级RTU功能的实现也完善了ADAS的整体系统结构。ADAS通过RTU实现的高级功能主要分两类：电能质量监测和故障现象预警。

二、国内配电自动化发展历程

我国配电自动化技术研究起步于20世纪90年代，然而，由于技术和管理上诸多原因，大多数早期建设的配电自动化系统没有达到预期效果。进入21世纪以来，我国经济社会快速发展，城市配电网网架进一步趋于合理，配电一次设备制造水平提高，配电通信技术、配电终端以及配电自动化主站系统也取得长足发展，为配电自动化建设奠定了良好基础。随着配电网供电可靠性要求的日益提高，配电自动化作为一种有效的手段，在国内各大城市的配电网中得到了广泛应用。

早在20世纪90年代，国内部分城市自行探索自动化的建设，如国网浙江省电力有限公司绍兴供电公司、国网浙江海盐县供电有限公司等。绍兴的自动化系统起步早，在2002年11月投入正式应用，于2003年的两次故障中进行了成功的隔离。在这次建设浪潮中，由于建设经验不足、设备质量不佳、缺乏长期的技术支持等原因，先后退出了应用。

自2009年起，国家电网公司试点开展配电自动化建设以来，经过第一、二批试点工程和推广应用项目建设，配电自动化建设应用水平得到了大幅提高。南方电网公司从2009年起，在深圳、广州两个重点城市进行了配电自动化试点，并将建设范围逐步扩大到中山、佛山、贵阳、南宁、昆明、玉溪、东莞等重点城市，取得了较好成效。

截至2016年年底，国家电网公司、南方电网公司范围内共有160余个地市开展了配电自动化项目建设，陕西地方电力集团公司、内蒙古电力（集团）有限责任公司等各大地方电力公司亦投资建设配电自动化系统。截至2016年年底，配电自动化系统基本覆盖了国内一、二线城市、省会及副省级城市，以及其余各主要城市的中心区域，在缩短故障隔离时间、提高供电可靠性方面发挥了不可替代的作用。

2017年，国网运检部发布了关于做好“十三五”配电自动化建设应用工作的通知（运检三〔2017〕6号），意味着配电网自动化试点的结束，新一代配电自动化系统正式投入应用，同时在国家电网有限公司内全面铺开建设。

为进一步提高配电自动化技术水平和实际应用效果，推进配电自动化建设与配电网协调发展，国家电网公司按照“统一标准、统筹规划、协调推进”的总体方针，强化系统顶层设计，建立常态投资机制，统筹推进配电网与配电自动化系统建设，提高系统功能实用性，强化工程管控和运行指标监督，确保配电自动化建设投资合理、系统功能实用、运行安全可靠。

南方电网公司提出以配电自动化和配用电智能化应用为突破口，以集中式配电自动化为主，全面推进智能电网建设，在建设成果上取得了显著成效。

第三节　配电自动化应用现状

通过全国各地多年的建设应用，配电自动化系统的各项功能得到了广泛应用，实用化应用成效得到了逐步体现。

当电网正常运行时，配电网运行管理人员可以通过配电自动化系统，实现对配电网状态的实时观测和控制；

当出现单相接地故障时，配调调度员可通过遥控试拉的方式，快速确定线路的接地点；

当发生短路故障时，配调调度员可通过配电自动化终端装置上传的实时信号，快速判定故障区段，减轻现场人员的事故巡线压力；部分地区利用馈线自动化功能，加快故障排查速度，提高事故处理效率；

当110kV变电站、线路等上一级系统发生故障时，配调调度员可通过遥控方式，在10kV中压侧实现负荷的快速转移，减少了主城区大面积、长时间停电对社会正常生产、生活带来的巨大冲击，有效提高了中压配电网的供电可靠性，带来了良好的社会效益。

但是，在各地配电自动化系统大规模的建设、应用中，不可避免地出现了各种问题，主要表现在以下几个方面：

（1）自动化覆盖率较低。部分城市主要集中在网架结构成熟的城市中心区，故障率低，配电自动化的功能应用不多；部分城市配电网负荷转供能力较差，不能充分发挥配电自动化快速恢复供电的作用。

（2）应用水平普遍不高。目前各单位配电自动化主要用于故障处理和遥控操作，个别单位开关遥控使用率低，配电网设备监控等基本功能未发挥实际作用；各地大量采用集中型馈线自动化模式，高度依赖主站和通信，馈线自动化的动作成功率普遍不高。

（3）运维管理有待加强。配电自动化系统采集的线路负荷、设备故障等海量运行数据尚未充分实现共享应用；配电一、二次系统的运维、管理工作尚未有机融合，配电网二次运维人员严重匮乏，运维体系建设有待完善。

（4）接地故障研判困难。小电流接地系统发生单相接地故障后，缺乏有效技术手段实现快速、准确的选线定位，配电自动化覆盖的线路仍然需要逐路、逐段拉路查找接地点，事故排查困难，停电范围较大。

（5）安全防护需要加固。部分配电自动化系统还存在边界防护、端口开放、权限口令、后门漏洞等信息安全隐患和漏洞。

（6）扩展功能实用性不强。配电自动化系统的部分高级应用功能套用能量管理系统（energy management system，EMS）系统设计，不适应配电网灵活多变的特点，实用性不强。

第二章

配电线路网架

配电自动化以一次网架和设备为基础，以配电自动化系统为核心。本章介绍了配电自动化架空线路以及配电电缆线路的典型接线方式。通过概念描述，可帮助掌握配电网典型的网架结构。

第一节　配电架空线路

中压架空网有三种典型接线方式：多分段多联络、多分段单联络和辐射式。

一、多分段多联络接线方式

在周边电源点数量充足时，10kV架空线路宜环网布置开环运行，采用柱上负荷开关将线路多分段、适度联络的接线方式，图2-1所示为典型的三分段、三联络接线方式。采用此结构具有较高的线路负载水平，当线路负载率达到75%时还具有接纳转移负荷的能力。

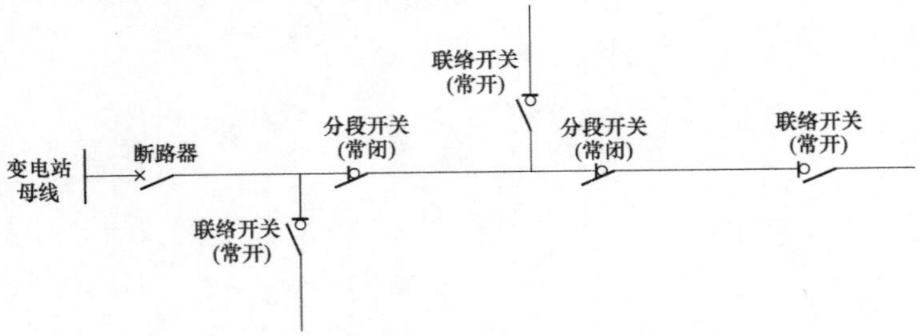

图2-1　10kV架空线路三分段、三联络接线方式

二、多分段单联络接线方式

在周边电源点数量有限、不具备多联络条件时，可采用线路末端联络的

接线方式，如图 2-2 所示；运行在线路负载率低于 50%的情况下。

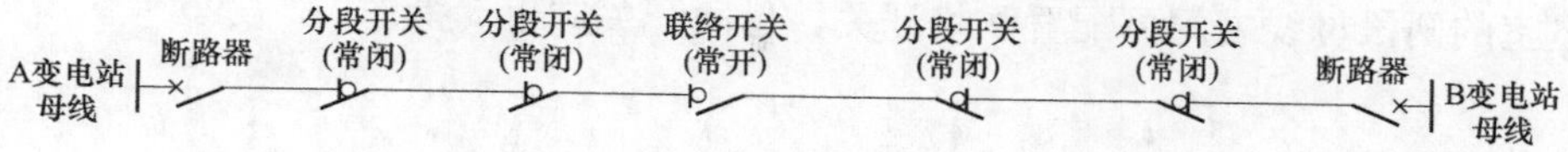

图 2-2　10kV 架空线路三分段、单联络接线方式

三、辐射式接线方式

在周边没有其他电源点且供电可靠性要求较低的地区，暂不具备与其他线路联络时，可采取多分段单辐射接线方式，如图 2-3 所示。

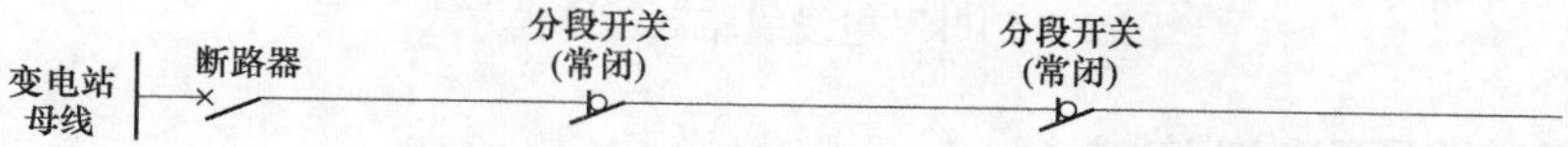

图 2-3　10kV 架空线路三分段单辐射接线方式

第二节　配电电缆线路

中压电缆网有单环网、双射、双环网和对射四种典型接线方式。

一、单环网接线方式

自同一供电区域两座变电站的中压母线（或一座变电站的不同中压母线）或两座中压开关站的中压母线（或一座中压开关站的不同中压母线）馈出单回线路构成单环网，开环运行，如图 2-4 所示，适用于单电源用户较为集中的区域。

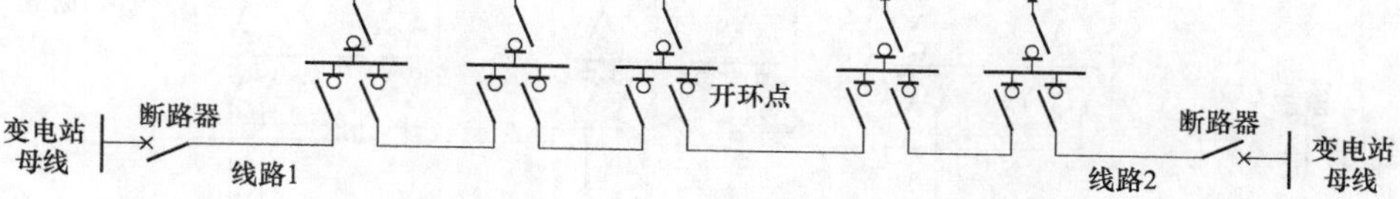

图 2-4　10kV 电缆线路单环网接线方式

二、双射接线方式

自一座变电站（或中压开关站）的不同中压母线引出双回线路，形成双射接线方式；或自同一供电区域的不同变电站引出双回线路，形成双射接线方式，如图 2-5 所示。有条件、必要时，可过渡到双环网接线方式，如图 2-6

所示。双射网适用于双电源用户较为集中的区域，接入双射线的环网室和配电室的两段母线之间可配置联络开关，母联开关应手动操作。

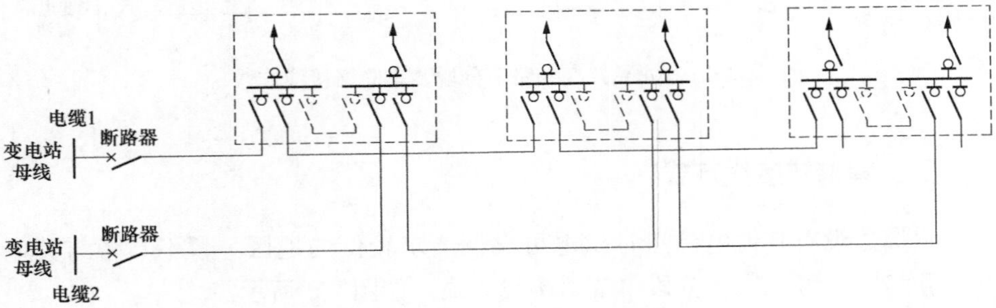

图 2-5　10kV 电缆线路双射接线方式

三、双环网接线方式

自同一供电区域的两座变电站（或两座中压开关站）的不同中压母线各引出二对（4 回）线路，构成双环网的接线方式，如图 2-6 所示。双环网适用于双电源用户较为集中且供电可靠性要求较高的区域，接入双环网的环网室和配电室的两段母线之间可配置联络开关，母联开关应手动操作。

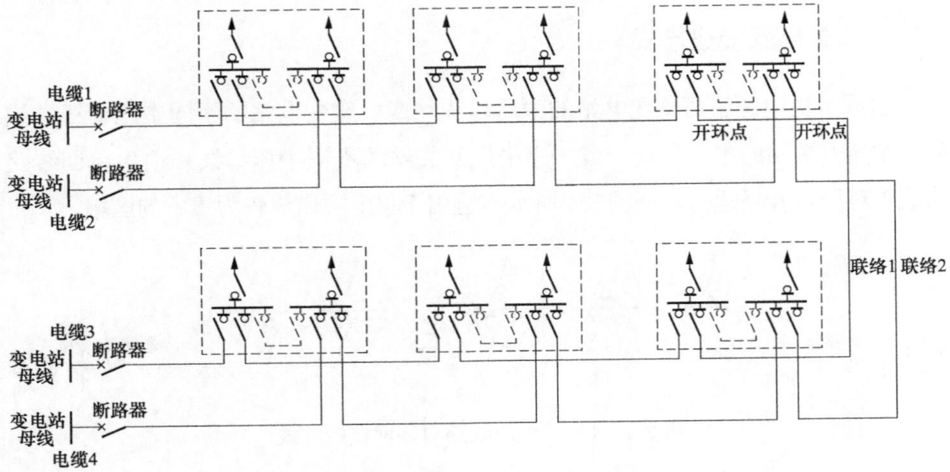

图 2-6　10kV 电缆线路双环网接线方式

四、对射接线方式

自不同方向电源的两座变电站（或中压开关站）的中压母线馈出单回线

路组成对射线接线方式，一般由双射线改造形成，如图 2-7 所示。对射网适用于双电源用户较为集中的区域，接入对射的环网室和配电室的两段母线之间可配置联络开关，母联开关应手动操作。

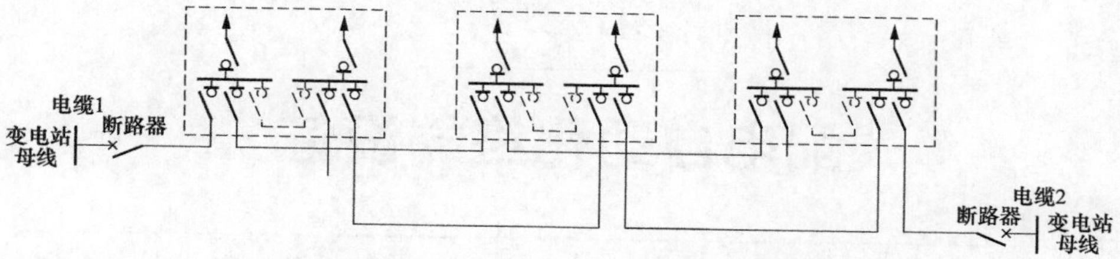

图 2-7　10kV 电缆线路对射接线方式

第三章

配电自动化终端设备

配电自动化系统主要由主站、配电终端和通信网络组成。本章介绍了常见的配电自动化终端设备，包括站所终端，馈线终端，一二次融合的智能开关等。通过学习，可帮助掌握配电自动化终端的结构、功能。

第一节　配电站所终端（DTU）

DTU是安装在配电网开关站、配电室、环网柜、箱式变电站等处的配电终端，依照功能分为“三遥”（遥信、遥测、遥控）终端和“二遥”（遥信、遥测）终端。按照结构不同可分为遮蔽卧式、遮蔽立式、户外立式和组屏式等。

一、DTU的基本结构

DTU的结构按功能区块来划分，分为核心测控单元区、操作面板区、接线端子区、DTU配套功能组件。

1. 核心测控单元

核心测控单元主要包括中央处理器（central processing unit，CPU）板、交流采样板、遥信板、遥控板和电源部分，如图3-1所示。

（1）CPU板。CPU板是DTU核心测控单元的核心部件，CPU有着处理指令、执行操作、控制时间、处理数据四大作用。CPU是一块超大规模的集成电路，是一台DTU的运算核心（core）和控制核心（control unit）。它的功能主要是解释DTU指令以及处理DTU软件中的数据。中央处理器主要包括运算器即算术逻辑运算单元（arithmetic logic unit，ALU）和高速缓冲存储器（cache）及实现它们之间联系的数据（data）、控制及状态的总线（bus）。除此之外CPU板还有内部存储器（memory）和输入/输出（I/O）设

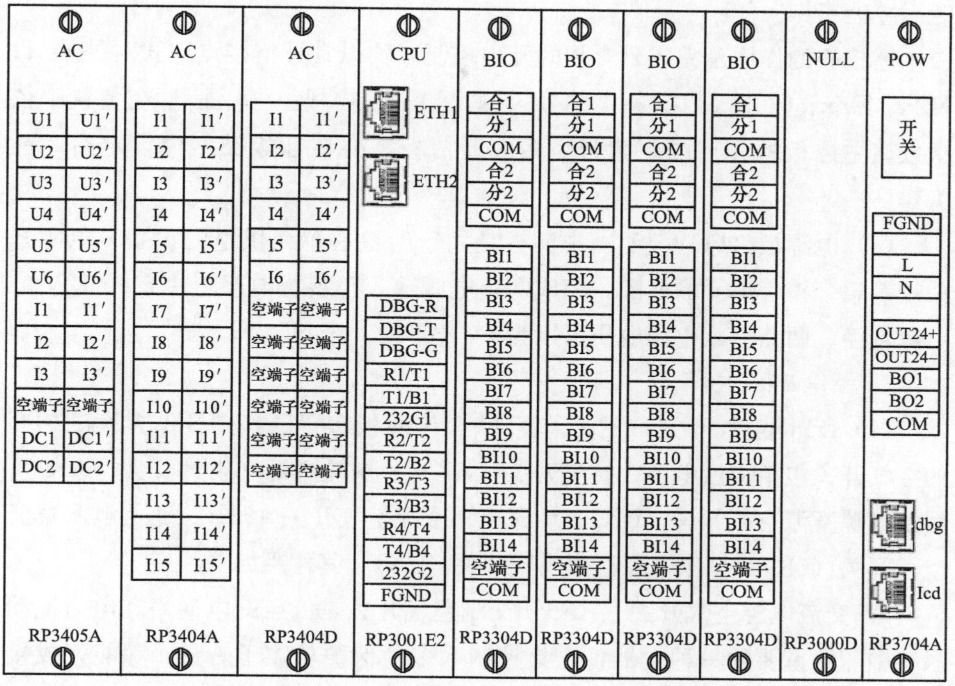

图 3-1 DTU 核心测控单元平面图示例

备。以某厂家 PDZ900 型 DTU 为例：CPU 板由采样 DSP（digital signal processor，DSP）数字信号处理器和通信 DSP 组成，CPU 面板上有 1 路串口调试接口以及 4 路 RS232/485 接口和 2 个以太网通信接口。串口调试接口和 RS232/485 接口的波特率可调，以太网 10M/100M 自适应。

（2）交流采样单元（AC）。交流采样单元的作用是采集站所一次设备的电流、电压，并上传至 CPU 进行处理。一般每块交流采样单元可采集 8 个通道，可灵活配置通道类型。电压量与电流量的线路对应关系可以通过软件调整，通过配置装置内设计的线路电压、电流通道号。计算同装置同一条母线上各条线路的功率时，电压量可以只在一组电压采样接口采集。

（3）遥信/遥控板（BIO）。遥信板的作用是采集一次设备的信号，如开关分合位、储能位、就地/远方位等。以某厂家 PDZ900 型 DTU 为例：每 4 路遥信开入共用一个公共端，其中每块 YX 板上有遥信灯，方便调试人员调试；遥信板的开入电源采用 DC24V，遥信回路采用无源回路；遥信板上各遥信量在装置中依次按离主控板的先后顺序累计，相应遥信板需要在插板类型中设定后才能工作。

遥控板的作用是完成分合闸的开出控制，均以常开空接点方式对外接口；HZx、FZx、COMx对应各自的分合闸出口。遥控板上各遥信量在装置中依次按离主控板的先后顺序累计，相应遥信板需要在插板类型中设定后才能工作。

（4）电源板（POW板）。电源板是用于给核心单元供电的设备。电源开关控制整个核心单元的电源。完成两路电源输入至装置内部芯片5V、12V的电源转换。两路输入电源电压可以为DC48V或DC24V。

2. 操作面板

（1）DTU空气开关布置区。DTU操作面板布置区如图3-2所示，DTU的空气开关包括交流电源1空气开关（AK1）、交流电源2空气开关（AK2）、后备电源直流空气开关（DK）、装置电源直流空气开关（1K）、通信电源直流空气开关（5K）、操作电源直流空气开关（CK），其作用如下：

1）交流电源空气开关（AK）。交流空气开关是低压配电网络和电力拖动系统中非常重要的一种电器，它集控制和多种保护功能于一身。除能完成接触和分断电路外，还能对电路或电气设备发生的短路、严重过载及欠电压等进行保护。正常情况下DTU有两路交流电源同时供电，分别通过交流电源1空气开关和交流电源2空气开关进行投入/切除。

2）后备电源直流空气开关（DK）。DTU的后备电源由4组12V的电池串联而成，后备电源额定电压为DC48V，后备电源直流空气开关对DTU的后备电源进行投入/切除。

3）装置电源直流空气开关（1K）。DTU的装置电源直流空气开关是对核心测控单元的供电电源（DC24V）进行投入/切除。装置电源空气开关关闭后，DTU核心测控单元的相应功能将停止工作，与主站间失去通信。同时面板上的“分”“合”位置灯熄灭。

4）通信电源直流空气开关（5K）。通信电源直流空气开关控制DTU上方通信箱中的ONU电源，电压一般为12V或24V。通信电源空气开关断开后，DTU与主站间同样也会失去通信。

5）操作电源直流空气开关（CK）。DTU的操作电源是供给一次设备（开关柜）电动操作机构回路的，目前普遍采用DC48V（个别地区由于一次设备不同也会采用AC110V或AC220V）。断开操作电源空气开关后，电动操作机构将失去电源，DTU 无法进行遥控功能。通常在开关柜二次回路检修、新装或更换电动操作、开关站全站退出自动化时，将操作电源空气开关断开。

（2）DTU 就地/远方切换开关（SA）、分合闸按钮、压板布置区。如图 3-2 所示，DTU 就地/远方切换开关（SA）、分合闸按钮、压板布置区位于空气开关布置区正下方，其具体功能如下：

1）就地/远方切换开关（SA）。当开关柜就地/远方切换开关（SA）打到“远方”位置时，若 DTU 柜就地/远方切换开关（SA）打到“就地”位置时，现场操作人员可以在 DTU 侧用按钮控制开关柜分合；若 DTU 柜就地/远方切换开关（SA）打到“远方”位置时，现场操作人员无法在 DTU 侧用按钮控制开关分合，需要主站下发遥控命令执行。

2）分合闸按钮。分闸按钮一般采用绿色，按下分闸按钮后，开关由合到分；合闸按钮一般采用红色，按下合闸按钮后，开关由分到合。根据国网浙

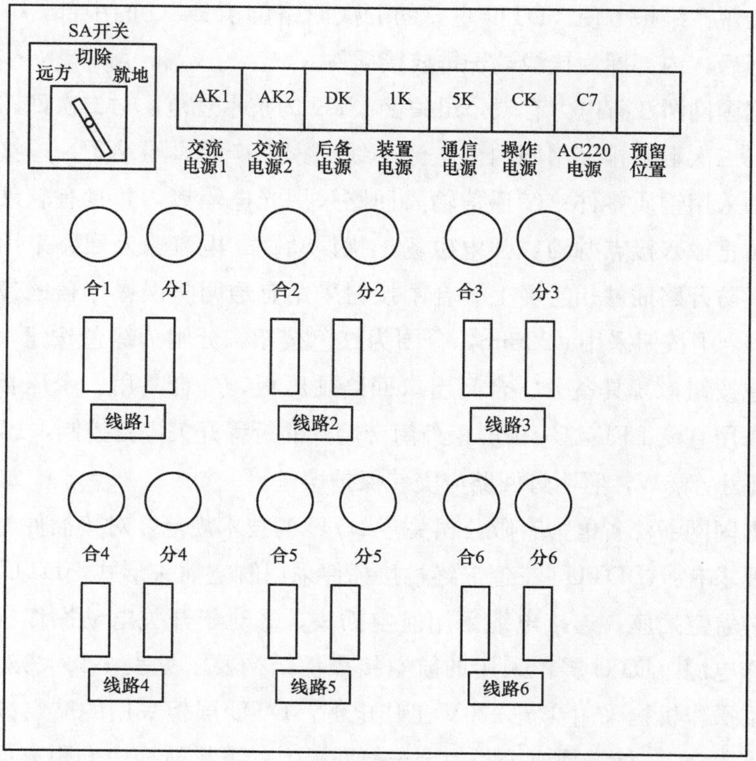

图 3-2　DTU 操作面板布置区

江省电力有限公司DTU的技术规范，屏上分合闸按钮采用有透明防误操作盖的带灯的按钮，分、合闸按钮采用ϕ22mm，合闸为红色按钮，分闸为绿色按钮。

3）压板布置区。DTU属于二次设备，在分合闸回路上设计的压板，是确保DTU安全运行的重要保障手段。压板是分合闸回路上一个明显可见的断开点，为检修、运行提供了极大的方便。压板的投退由人工操作，在需要DTU退出运行或对应间隔开关柜检修时，退出压板，DTU无法对开关柜电动机构进行分合操作，起到安全防护作用。

3. 二次回路及接插件

DTU的配接线中，凡屏内设备与屏外设备相连接时，都要通过一些专门的接线端子或接插件，这些接线端子或接插件组合起来，称为端子排或航空插件。它们的作用就是将屏内设备和平外设备的线路相连接，起到信号（信号、电流、电压等）传输的作用。在施工过程中有了端子排或航空插件，使得接线美观，维护方便。DTU主要的二次回路位于DTU的中部，一般打开操作面板后，内部即为接线端子排或接插件。

根据国网浙江省电力有限公司关于DTU的技术规范，对二次回路有的要求有：①二次端子排采用国内外主流一线厂家生产的凤凰端子，连接导线和端子必须采用铜质零件；②遥信输入回路采用光电隔离，并具有软硬件滤波措施，防止输入接点抖动或强电磁场干扰误动；③电流输入回路采用防开路端子或者防开路插件；④屏上分合闸按钮采用有透明防误操作盖的带灯的按钮，分、合闸按钮采用ϕ22mm，合闸为红色按钮，分闸为绿色按钮，预控按钮为黄色按钮；⑤具备分、合闸出口回路硬压板，分合共用一个压板；⑥屏内照明采用直流LED灯，由屏柜外门带熔丝的行程开关进行控制，LED灯照明功率不小于5W，照明灯回路应安装保护熔丝。

根据国网浙江省电力有限公司关于DTU的技术规范，对接插件配套设计有以下要求有：①DTU“三遥”终端接插件采用航空插头形式，DTU“三遥”终端安装航空插座，连接电缆采用航空插头；②对于开关电动操作机构采用直流工作电源，DTU屏柜采用的航空接插件结构要求见表3-1；③对于类型开关电动操作机构采用交流220V工作电源，DTU屏柜采用的航空接插件结构要求见表3-2；航插插座统一固定于航插板上，下排航插中心距离屏柜底板不小于200mm，不得低于蓄电池顶部；④航插外壳应采用全绝缘非金属材质；⑤航插外壳防护等级不低于 IP65；⑥航插内部插针与导线宜采用螺钉连接方式或直插自锁方式；⑦航插内插针内径应不小于对应电缆线芯的线径，并与底板可靠固定不松动，具备较强的抗弯性；⑧插座上的防误插针应由DTU 厂家统一提供，并应在出厂前按线路数字编码顺序安装完毕；⑨6 芯防开路航插具备自短接功能，自短路时 6 芯全部短接在一起；⑩6 芯防开路航插的插座侧电流应全部引至屏柜端子排；⑪对于一次设备为单母线配置的情况，原本用于 2 号母线电压采样的 4 芯航插可以用于母线零序电压接入。

表 3-1　航空接插件结构要求（开关电动操作机构采用直流工作电源）

项目	4 芯	6 芯防开路	10 芯
用途	电压采样	电流采样	遥信和遥控
插座（DTU 侧）	针式	针式	孔式
插头（电缆侧）	孔式	孔式	针式
个数	整套 2 个	每回 1 个	每回 1 个
形状	方形	方形	方形

表 3-2　航空接插件结构要求（开关电动操作机构采用交流 220V 工作电源）

项目	4 芯	6 芯防开路	7 芯	4 芯
用途	电压采样	电流采样	遥信	遥控
插座（DTU 侧）	针式	针式	孔式	孔式
插头（电缆侧）	孔式	孔式	针式	针式
个数	整套 2 个	每回 1 个	每回 1 个	每回 1 个
形式	方形	方形	方形	方形

4. DTU 配套功能组件

DTU 配套的功能组件主要有气溶胶灭火装置、除湿装置和加热装置等，这类组件属于 DTU 的选配装置，可结合 DTU 的安装环境和现场的数据需求进行选择。

（1）气溶胶灭火装置。气溶胶灭火装置按产生气溶胶的方式可分为热气溶胶和冷气溶胶。目前国内工程上应用的气溶胶灭火装置都属于热型，冷气溶胶灭火技术尚处于研制阶段，无正式产品。热气溶胶以负催化、破坏燃烧反应链等原理灭火。DTU 用 S 型气溶胶灭火装置，该型号气溶胶灭火装置不仅具有较好的灭火效能，而且有较高的洁净度，气溶胶喷洒后的残留物对于电子设备的影响较少，现国内有些气溶胶生产厂家的 S 型气溶胶的洁净度已经可以完全达到保护电子设备的目的。

对 DTU 灭火装置的要求有：DTU 屏内应配置低温型无源热启动全淹没式 S 型气溶胶灭火装置；气溶胶灭火装置应保证产生的气体无毒、绝缘、无沉降残留物，启动温度稳定（170℃左右）以有效避免误动作；气溶胶灭火装置安装于 DTU 核心单元下方，正对蓄电池方向；气溶胶灭火装置药剂储存有效期不小于 8 年；气溶胶灭火装置产品应通过国家 3C 认证；气溶胶灭火装置应满足 GA 499.1—2010《气溶胶灭火系统　第 1 部分：热气溶胶灭火装置》的要求。

（2）除湿装置和加热装置。由于 DTU 所处的环境复杂恶劣，个别 DTU 受盐雾、潮气、凝露影响严重，所以 DTU 内部一般要求配置除湿装置和加热装置，防止端子排、核心原件等受潮损坏，从而影响设备运行的稳定性和可靠性。加热除湿装置的原理是通过加热器产生热量，减少设备内外温差，除湿器控制设备内湿度，从而使设备内部不产生凝露。

对 DTU 加热除湿装置的要求有：DTU 屏内应配备自动除湿装置和加热装置，或预留自动除湿装置、加热器安装空间；自动除湿装置和加热器装置均采用 220V 交流电源，直接引自经切换模块切换后的外部交流电源；自动除湿装置与加热装置组合使用，在高温高湿和低温高湿（－10～10℃）运行环境下均应有较好的除湿效果；自动除湿装置如果包含风扇等机械转动部件，则此类部件免维护可靠运行时间不小于 8 年；自动除湿装置应提供故障报警输出功能（继电器，无源节点）；自动除湿装置应支持 RS485 通信方式上送温湿度值、控制参数及状态等信息；支持 MODBUS 通信协议；加热装置额定功率为 100W，其工作电源通断由除湿装置自动控制。

二、DTU 的主要功能

1. 实现线路交流量采集

线路交流量采集是通过安装在一次侧的电流互感器（TA）和电压互感器（TV），将采集到的交流量信号经信号传输线路传送至 DTU 进行处理。

根据国网浙江省电力有限公司关于 DTU 的技术规范，交流电压回路准确度要求见表3-3。交流电流回路准确度要求见表3-4。

表3-3　　交流电压回路精度表

输入电压	$0.05U_N$	$0.1U_N$	$0.5U_N$	$1.0U_N$	$1.5U_N$
幅值相对误差	≤5.0%	≤2.5%	≤1.0%	≤0.5%	≤1.0%

表3-4　　交流电流回路精度表

输入电流	$0.1I_N$	$0.2I_N$	$0.5I_N$	$1.0I_N$	$5.0I_N$	$10I_N$
幅值相对误差	≤5.0%	≤2.5%	≤1.0%	≤0.5%	≤1.0%	≤2.5%

2. 实现线路开关量采集

线路开关量采集是通过安装在一次侧的开关位置辅助接点（分位、合位、接地位、储能位等），一般通过无源的方式（个别设备采用有源的方式）由控制电缆接入到DTU，使DTU能够采集到现场一次设备的开关量信息。

3. 实现线路的遥控功能

线路的遥控功能是指在主站侧或DTU侧发送命令改变一次侧开关量，目前标准DTU最多能实现16条线路的远程分、合闸控制输出。另外还能实现远程电池活化、电池充放电；具有远方和本地控制切换功能，支持开关的就地操作功能。

4. 保护功能

DTU对出口的每一条线路都具有保护功能。当配电网发生故障或危及安全运行的情况时，保护功能可以及时发出报警信号，或直接发出跳闸命令快速切除故障终止故障或事故，对保证配电网的安全经济运行，防止事故发生和扩大起到关键性的作用。

DTU的保护功能主要有：过流Ⅰ段保护功能、过流Ⅱ段保护功能、过负荷保护功能、零序电流Ⅰ段保护功能、零序电流Ⅱ段保护功能、重合闸及后加速功能等。保护的整定值通过DTU上的标准通信维护接口，利用专用维护软件进行参数定值的配置和下载。例如：配置过流Ⅰ段整定值，当线路任意相的电流大于故障整定值时，过流Ⅰ段保护启动，配合过流Ⅰ段告警投退字和过流Ⅰ段跳闸投退字；重合闸时间定值的配置，用于配置过流保护动作后，启动重合闸的延时时间，配合重合闸投退字、过流Ⅰ段和过流Ⅱ段跳闸投退字。

5. 电能质量监视功能

电能质量是指电力系统中电能的质量。理想的电能应该是完美对称的正弦波。一些因素会使波形偏离对称正弦，由此便产生了电能质量问题。以南瑞 PDZ900 型 DTU 为例，可监视高达 15 次谐波和电压偏差的监视。

6. 数据传输功能

DTU 能与主站进行通信，将采集和处理信息向上发送并接受主站的控制命令，同主站进行校时。此外，DTU 还能将其他终端的信息向上转发、电能量信息向上转发、主动上传事故信息。为了满足运维的要求，DTU 还具有当地维护通信接口。

为满足以上功能需求，DTU 一般都配有独立的以太网接口和若干个可配置为 RS232/RS485 的串口，支持 IEC104、IEC101、IEC103 等多种规约，满足各种通信的需求。

7. 辅助功能

DTU 在上述功能的基础上，还应具备一些辅助功能，主要包括自检、电源切换、电池维护、SOE 记录、和馈线自动化等。

（1）自检功能。自检功能是指当发现 DTU 的内存、时钟、I/O（输入/输出）等出现异常时，马上记录并上报。具有上电自恢复功能。

（2）电源切换功能。电源切换功能是指：①采用双电源供电的 DTU 一侧电源失电后应能够自动切换到另一电源持续工作；②若双侧电源失电后自动切换由电池供电，保证 DTU 可继续工作 24h。

（3）电池维护功能。电池维护功能是指在规定的时间内由调度员下发电池维护命令，电池开始放电，电池低电压时自动停止放电，自动切换由主电源供电，并给蓄电池充电。DTU 平时由主电源供电，同时给电池浮充，电池充电采用恒压限流充电，确保安全。

（4）SOE 记录功能。事件顺序记录（sequence of event，SOE）是记录故障发生的时间和事件的类型，比如某开关××时××分××秒××毫秒发生什么类型的故障等。对于 SOE 来说，为了精确地分辨出各个重要信号的先后，SOE 记录必须达到 1ms 甚至更小的分辨率。目前 DTU 一般可以记录各种电参量的故障信息，多达 200 条，方便用户查找和分析电路系统的故障。

（5）FA 功能。配电网馈线自动化（distribution feeder automation，FA）是实现配电网故障快速恢复，提高配电网运行管理水平的重要技术手段。

DTU 的馈线自动化功能体现在当线路正常运行时，DTU 通过遥信、遥测等功能实现对配电线路运行状态的监测，当配电线路发生故障时，根据自身采集到故障电流或故障电压，DTU 可判断故障发生区域，并遥控一次设备（负荷开关或断路器）实现故障隔离和恢复非故障区域供电。

第二节　配电馈线终端（FTU）

FTU 是安装在配电网馈线回路的柱上等处的配电终端，按照功能分为“三遥”终端和“二遥”终端。其中，“二遥”终端又可分为基本型终端、标准型终端和动作型终端。按照结构不同可分为箱式和罩式。

一、FTU 基本结构

FTU 的结构形式主要有罩式和箱式两种。罩式 FTU 馈线终端体积小，防护等级高，因此能适应更为严酷的户外运行环境，使用寿命高。但是由于体积小，所以对内部线损模块、电源模块等重要组成部件要求更高，增大了生产工艺难度，其结构如图 3-3 所示。箱式 FTU 馈线终端采用模块化设计，接线方便，功能丰富，后期维修保养方便，但箱式 FTU 馈线终端体积相对罩式 FTU 较大，从而导致安装困难，其结构如图 3-4 所示。

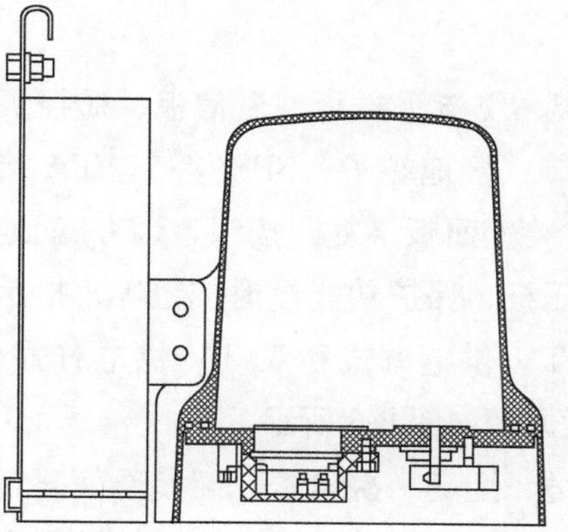

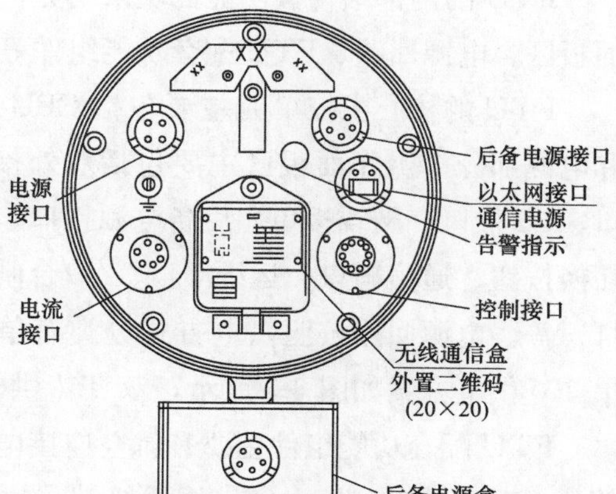

图 3-3　罩式 FTU 馈线终端结构

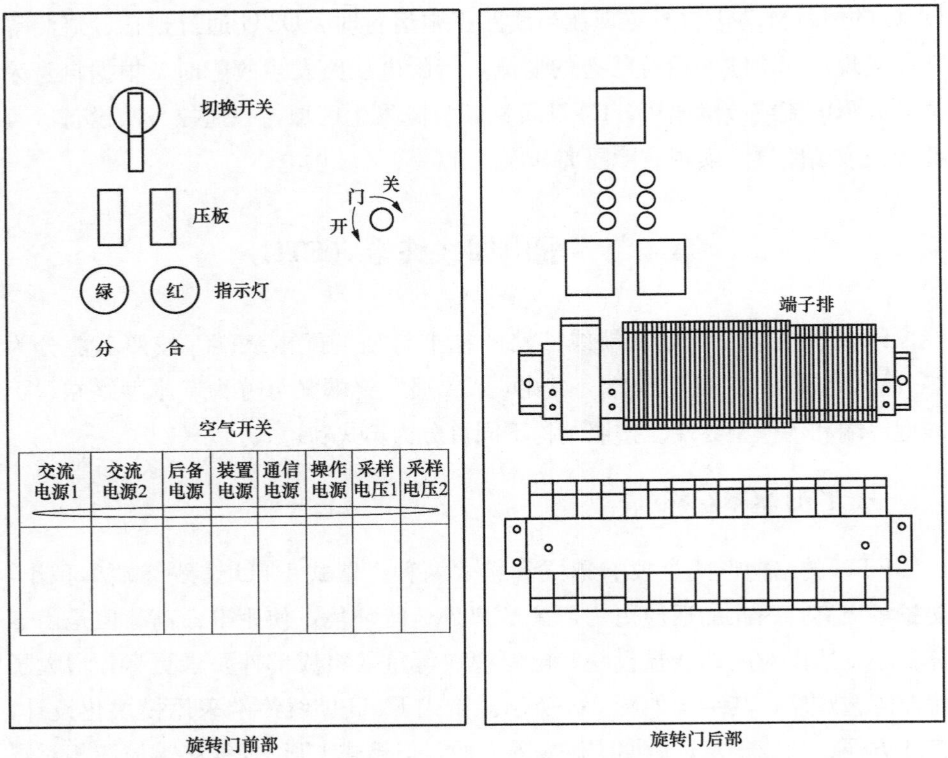

图 3-4　箱式 FTU 馈线终端结构图

FTU 的内部结构按功能区块来划分，可大致分为核心测控单元区、操作面板区、电源回路、FTU 配套功能组件等。

FTU 的核心主控单元主要包括 CPU 板、交流采样板、遥信板、遥控板和电源部分。操作面板区主要包括对外接口（接地端子、SPS 接口、TA 接口、LS 接口、网线接口、后备电源接口）、装置面板（复归按钮、远方/就地切换按钮、通信串口、运维串口、分/合闸压板、保护功能投退按钮等、指示灯）等。电源回路按照供电方式分类有单 TV 供电方式和双 TV 供电方式，单 TV 供电方案如图 3-5 所示，双 TV 供电方案如图 3-6 所示。

FTU 配套功能组件主要有航空连接电缆、配套一次设备、配套通信三个部分。对于航空连接电缆，馈线终端采用专用航空插头。航空接插件类型主要有：5 芯、6 芯、6 芯防开路、10 芯、26 芯和以太网航空接插件。航空接插件插头、插座采用螺纹连接锁紧，具有防误插功能。插针与导线的端接采用焊接方式。其插座和插头的结构应满足表 3-5 的要求。

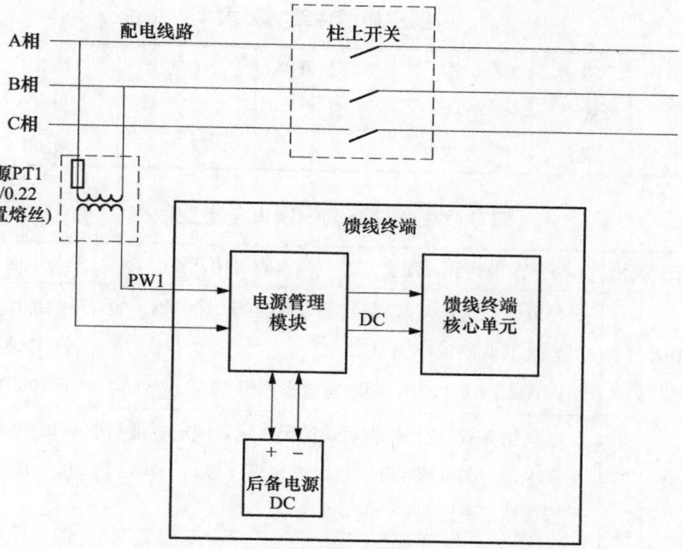

图 3-5 单 TV 供电方案

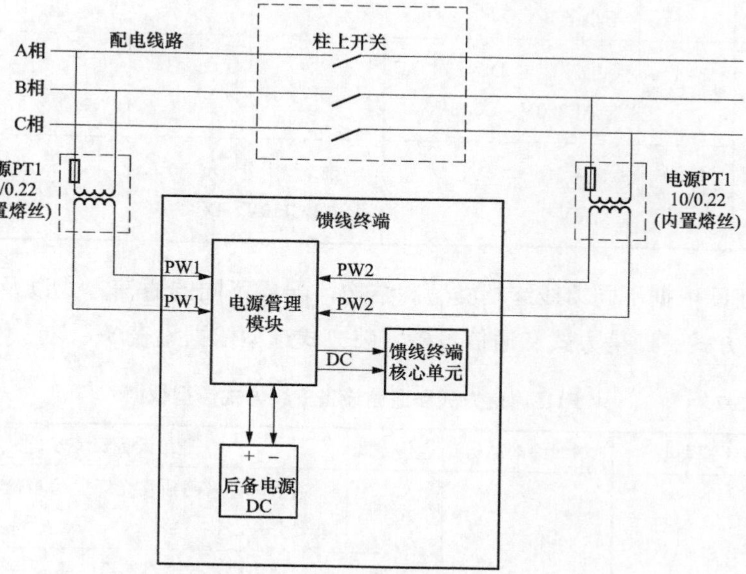

图 3-6 双 TV 供电方案

FTU 馈线终端根据开关类型，确定配电自动化工程中馈线终端相关一次设备的配套选项，主要包括电压互感器、电流互感器和开关操作电源，其选型依据见表 3-6。

表 3-5　　航空接插件结构要求

接插件类型	5 芯	6 芯	6 芯防开路	10 芯	26 芯	以太网
插座	针式	针式	针式	针式	针式	孔式
插头	孔式	孔式	孔式	孔式	孔式	针式

表 3-6　　FTU 馈线终端配套一次设备选型依据

<table>
<tr><th>配套项目</th><th>开关类型</th><th>与弹操机构开关配套</th><th>与永磁机构开关配套</th><th>与电磁机构开关配套</th></tr>
<tr><td colspan="2">电压互感器</td><td colspan="2">外置式：10/0.22，额定容量不小于 150VA；短时容量不小于 300VA/10s。
内置式：10/0.22，额定容量不小于 75V</td><td>10/0.22，额定不小于 150VA，短时不小于 3000VA/1s</td></tr>
<tr><td rowspan="2">电流互感器</td><td>相 TA</td><td colspan="3">二次侧 5A，变比根据负荷情况决定，额定容量不小于 2.5VA。
要求：一次电流小于 $2I_n$时，精度 1 级；一次电流 $2I_n$～$10I_n$时，二次输出保持线性且不饱和</td></tr>
<tr><td>零序 TA</td><td colspan="3">变比：20/1，额定容量不小于 1VA。
要求：一次电流 0～60A 时二次输出保持线性，一次电流大于 60A 二次输出不小于 3A</td></tr>
<tr><td rowspan="2">操作电源</td><td>储能电压</td><td>推荐额定 DC24V，可选 AC220V、DC48V</td><td></td><td></td></tr>
<tr><td>合/分闸电压</td><td>额定 DC24V，可选 DC48V</td><td>推荐额定 DC160V，可选 DC110V、DC220V</td><td>额定 AC220V</td></tr>
</table>

FTU 依据不同馈线终端类型和结构，配置不同的通信方式以及通信设备的安装方式。通信方式和通信设备安装方式选型依据见表 3-7。

表 3-7　　FTU 通信方式和通信设备安装方式选型依据

馈线终端类型	馈线终端结构	通信方式	通信设备安装方式
“三遥”型馈线终端	箱式	光纤	通信设备采用独立光纤通信箱，与终端主体装置分开安装
		无线	通信模块集成在终端箱内部
	罩式	光纤	通信设备采用独立光纤通信箱，与终端主体装置分开安装
		无线	通信模块安装在无线通信盒，整体安装于终端主体底部

续表

馈线终端类型	馈线终端结构	通信方式	通信设备安装方式
“二遥”标准型馈线终端	箱式	无线	通信模块集成在终端箱内部
	罩式		通信模块安装在无线通信盒，整体安装于终端主体底部
“二遥”动作型馈线终端	箱式	无线	通信模块集成在终端箱内部
	罩式		通信模块安装在无线通信盒，整体安装于终端主体底部

二、功能简介

FTU 是馈线自动化系统的核心设备，FTU 的技术核心主要包括快速故障定位、事故隔离和恢复供电，网络通信，配电网内的单相接地选线与定位，开关状态在线监视等，其主要功能如下。

遥信功能：FTU 应能对柱上开关的当前位置、通信是否正常、储能完成情况等重要状态量进行采集。若 FTU 自身有微机继电保护功能的话，还应对保护动作情况进行遥信。

遥测功能：FTU 应能采集线路的电压、开关经历的负荷电流和有功功率、无功功率等模拟量。一般线路的故障电流远大于正常负荷电流，要采集故障信息必须能适应输入电流较大的动态变化范围。测量故障电流是为了进行继电保护和判断故障区段。FTU 一般还应对电源电压及蓄电池剩余容量进行监视。

遥控功能：FTU 应能接受远方命令控制柱上开关合闸和跳闸，以及起动储能过程等。

统计功能：FTU 还应能对开关的动作次数和动作时间及累计切断电流的水平进行监视。

对时功能：FTU 应能接受主系统的对时命令，以便和系统时钟保持一致。

SOE 功能：记录状态量发生变化的时刻和先后顺序。

事故记录功能：记录事故发生时的最大故障电流和事故前一段时间（一般是 1min）的平均负荷，以便分析事故，确立故障区段，并为恢复健全区段供电时进行负荷重新分配提供依据。

定值远方修改和召唤定值：为了能够在故障发生时及时地启动事故记录

等过程，必须对FTU进行整定，并且整定值应能随着配电网运行方式的改变而自适应。为此，应使FTU能接收DAS控制中心的指定修改定值，并使DAS控制中心可以随时召唤FTU的当前整定值。

自检和自恢复功能：FTU应具有自检测功能，并在设备自身故障时及时告警；FTU应具有可靠的自恢复功能，一旦受干扰造成死机，则通过监视定时器（watch dog timer，WDT）重新复位系统恢复正常运行。

远方控制闭锁与手动操作功能：在检修线路或开关时，相应的FTU应能具有远方控制闭锁的功能，以确保操作的安全性，避免误操作造成的恶性事故。同时，FTU应能提供手动合闸/跳闸按钮，以备当通道出现故障时能进行手动操作，避免上杆直接操作开关。

远程通信功能：FTU具有远程通信功能，只需提供标准的RS232或RS485接口就能和各种通信传输设备（data communications equipment，DCE）相连。

电度采集：FTU对采集到的有功和无功功率进行积分可以获得粗略的有功和无功电能值，对于核算电费和估算线损有一定的意义。这样做，瞬间干扰造成的误差会被累计，影响电度测量精度。但在分段开关处测电度的目的在于估算线损、侦察窃电行为，因此这个测量精度一般可以容忍，当然为了进一步提高精度，可以采用状态估计算法。

微机保护：虽然在选用柱上开关时，可以选择过流脱扣型设备，即利用开关本体的保护功能。但利用FTU中的CPU进行交流采样构成的微机保护，则具有更强的功能和灵活性，因为这样做可以使定值自动随运行方式调整，从而实现自适应的继电保护策略。

故障录波：尽管故障时的电流、电压的波形记录是否具有作用仍是一个有争议的问题，但是对于中性点不接地的配电网，对零序电流的录波用来判断单相接地区段显然是十分有效的。

FTU通常安装在户外，因此要求它在恶劣环境下仍能可靠地工作。由于FTU安放于分段开关处，因此当FTU故障时必须能够不停电检修，否则会造成较大面积停电。另外，FTU应能很方便地和开关隔离开来，有必要在TA进线处采用试验端子，与开关之间采用航空插头连接，加装电源保险，以及采用双层机壳等措施。当故障或其他原因导致电路停电时，FTU应保持有工作电源，因为这时FTU上报的故障信息对于故障区段的判断极有意义。此外，在恢复线路供电时，往往也需要可靠的操作电源。

第三节　故障指示器

故障指示器是安装在配电线路上，用于监测线路故障，可监测线路负荷等信息，具有就地故障指示或同时具备数据远传功能的一种监测装置，按照使用的线路类型分为架空型和电缆型两类，按照信号传输方式分为就地型和远传型，按照接地检测的方法可分为暂态特征型、外施信号型和暂态录波型。

一、故障指示器基本结构

故障指示器主要分为采集单元和汇总单元两个部分。其中，采集单元安装在配电线路上，能判断并就地指示短路和接地故障，可采集线路负荷等信息，同时将采集的信息上传至汇集单元；汇集单元与采集单元配合使用，通过无线、光纤及电缆等方式接受采集单元采集的配电线路故障、线路负荷等信息，并上传信息至主站，同时接受或转发主站下发的相关信息。以配电架空线路在运状态的架空暂态特征型远传故障指示器为例，其由故障指示器汇集器和故障指示器采集器组成。其中，采集单元结构如图 3-7 所示，汇集单元结构图如图 3-8 所示。

1. 采集单元结构示意图

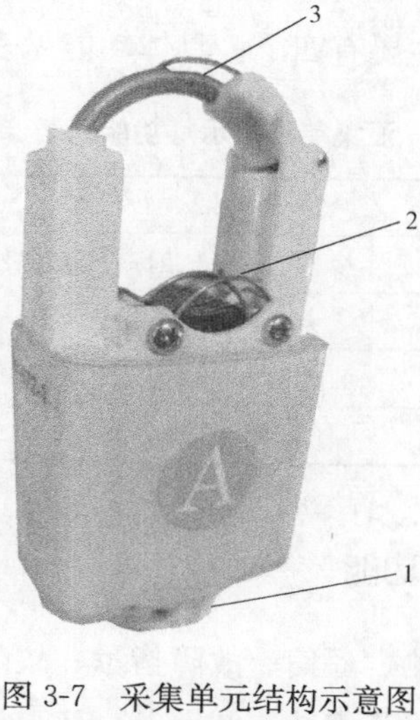

图 3-7　采集单元结构示意图

1—指示灯及显示体；2—电缆压簧；3—开口导磁轴

2. 汇集单元结构示意图

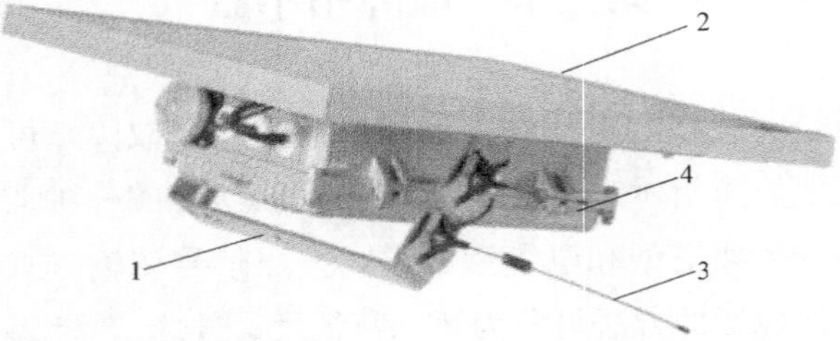

图 3-8 汇集单元结构示意图

1—固定架；2—太阳能板；3—GPRS 天线；4—射频（radio frequency，RF）天线

汇集单元作为故障指示器的核心部件之一，主要由电源回路、GPRS 通信模块、加密模块、RF 通信模块、太阳能终端面板、指示灯组成。其中，电源回路包含主供电和后备供电两部分，主供电采用太阳能电池板供电，太阳能电池板功率不小于 10W，后备供电为电池供电，在失去主电源的情况下，要求后备电源能够维持基本型馈线终端连续工作 6 天以上；GPRS 通信模块通过公网（移动 SIM 卡、联通 SIM 卡、电信 SIM 卡），实现终端与主站的数据传输、交互；加密模块内含加密证书，保证数据传输的安全性；RF 通信模块实现终端与采集器之间的数据传送，安装在架空线路上的采集器将检测到的负荷电流数据信息无线射频通信传送至终端；GPRS 天线和 RF 天线主要作用是增强通信信号；指示灯主要有四个，具体功能见表 3-8。

表 3-8　　汇集单元指示灯功能列表

序号	指示灯	功　能
1	上线灯	2～3s 闪一下红灯表示设备正常上线
2	通信灯	通信灯闪表示这边正在通信连接
3	电源灯	2～3s 闪一下红灯表示设备正常上线
4	GPRS 模块灯	闪红灯表示正在通信或者正在尝试通信

二、故障指示器主要功能

故障指示器应具备遥测、遥信、故障指示、故障远传等功能，具体如下：

（1）遥测功能。能够采集安装点线路 A、B、C 三相的正常负荷电流和故障突变电流，采集单元应能根据设定阈值或每 15min 发送一次负荷电流数据。

其中，故障电流是实时发送的，能够采集安装点的对地绝缘，能够采集安装点的接地基准。

（2）遥信功能。主动上传安装点故障信息，定时上传安装点的实时数据信息。

（3）短路故障指示。当配电线路发生短路故障时，故障线路段对应相线上的采集单元应检测到短路故障，并发出短路故障报警指示，在发生故障时采集单元可现场翻牌指示。

（4）单相接地故障指示。当配电线路发生单相接地故障时，故障指示器应能以外施信号检测法、暂态特征检测法、稳态特征检测法等方式检测接地故障，并发出接地故障报警指示。可配合小电流放大装置投切正确指示接地故障。

（5）故障远传报警。当发生短路、单相接地故障后，除进行相应的本地报警指示（以翻牌、闪光形式）外，还应通过无线通信形式上传故障数据信息至主站。

（6）故障自动检测。采集单元应自动跟踪线路负荷电流变化情况，自动判定短路故障电流并报警；应自适应负荷电流大小，当检测到线路电流突变，突变电流持续一段时间后，各相电场强度大幅下降，且残余电流不超过5A零漂值；应能就地采集故障信息，就地指示故障，且能将故障信息上传至主站。

（7）防止误报警功能。线路短路故障防误动包括以下5种情况：负荷波动防误动、变压器空载合闸涌流防误动、线路突合负载涌流防误动、人工投切大负荷防误动、非故障相重合闸涌流防误动。

（8）参数远传设定功能。可以对采集单元的故障电流报警动作值、动作时间进行远传设定和调整，可支持汇集单元或采集单元的数据召测，汇集单元可支持参数的任务配置和下发。

（9）带电装卸功能。采集单元应能带电装卸，装卸过程中不应误报警。

第四节　一二次融合智能开关

一二次融合智能开关是一种通过计算机、远动、通信、保护、测量、自动控制、传感技术、机械等多方面学科相结合，自主完成保护、测量、控制、故障监测与处理的开关，可安装于10kV架空配电线路的主干、分段、联络、分支线及分界点上，具备双向计量功能，实现电量数据自动采集，可以实现自动隔离相间短路故障及单相接地故障，最大限度减少停电范围，保障非故障用户的可靠供电和用电安全。

一、一二次融合智能开关基本结构

智能开关结构包括断路器本体和控制终端、电源、连接电缆等部分。开关本体、控制终端之间采用航空插件通过一条户外全绝缘电缆连接。其中，断路器本体结构如图 3-9 所示，采用真空灭弧介质，选用空气或固体与空气的混合绝缘，真空管采用陶瓷外壳。开关本体内应内置高精度、宽范围的交流电压/电流传感器，具备采集三相电流、三相相电压的能力。智能终端部分由电源模块、通信模块、数据处理单元等构成，其外观结构如图 3-10 所示。

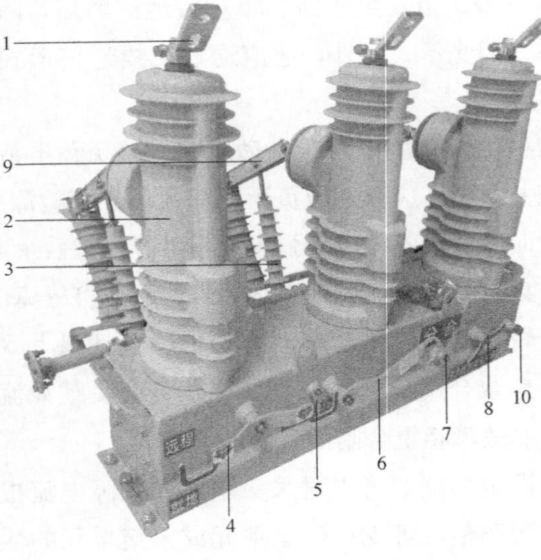

图 3-9　断路器本体图

1—上进线臂；2—断路器固封极柱；3—隔离开关；4—联动控制器；5—储能状态指示器；6—手动储能手柄；7—分、合闸状态指示器；8—重合闸硬压板；9—下出线臂；10—二次接地螺母

二、一二次融合智能开关设备功能

主要功能介绍如下。

（1）开关“四遥”（遥信、遥测、遥控、遥调）功能。一二次融合终端通过内置电压、电流传感器进行三相电压、三相电流、零序电压、零序电流、

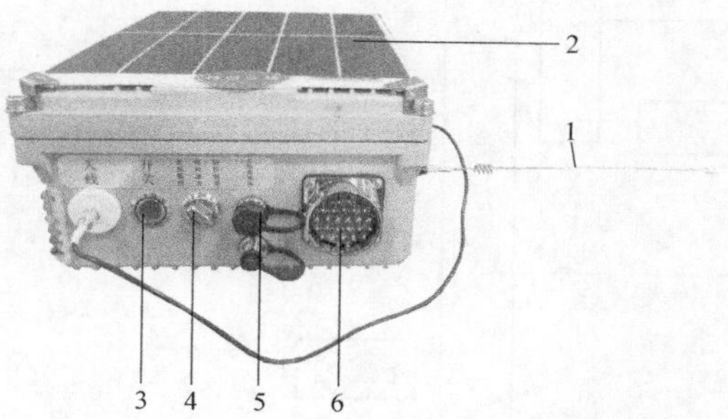

图 3-10　户外智能终端图

1—GPRS 天线；2—太阳能板；3—电源开关；4—硬压板开关；
5—航空插座 6 芯（充电）；6—航空插座 26 芯

电能量等数据的测量；通过辅助接点实现开关分、合、远方、就地、储能等状态量的采集。在远程管理系统，可以实现远方定值参数调整、重合闸投退等功能，并可远程遥控开关的分闸、合闸操作。但由于当前智能开关主要采用无线公网进行通信，出于对信息安全的考虑，国家电网公司要求停用无线遥控功能。后续随着 5G、北斗等通信技术的进步和发展，将会逐步开放无线遥控功能。

（2）短路故障保护功能。装置设计采用过流、速断两段式保护原理，各段保护的动作时间和动作门限的定值均可整定，并可通过软压板控制选择保护功能投入/退出，当故障电流超过设置的过流/速断设置门限值，根据设置的保护动作时间发出控制指令，启动保护分闸动作，装置保护原理如图 3-11 所示。图中，I_g为过流电流设置值，I_s为速断电流设置值，T_y为涌流时间，T_g为设置的过流时间，T_s为设置的速断时间。

智能开关速断和过流的状态序列如图 3-12 所示，图中 I_1为过流电流的设定值，I_2为负荷电流值，I_3为速断电流设定值。Δt_1为过流延时时间，Δt_2速断延时时间，t_3为初始正常负荷电流（大于 5s）。在 0 到 t_3这段时间，线路正常运行，电流值为 I_2。当线路故障时，电流增大，电流值若超过 I_3时，且持续时间超过 Δt_2，速断保护动作切断故障电流，线路电流值回到 0。电流值若在 I_2和 I_3时，且持续时间超过 Δt_1，过流保护动作切断故障电流，线路电流值回到 0。

（3）接地故障保护功能。装置接地保护功能设计通过监测线路三相电压、零序电流电压门限、电压电流夹角等综合研判，可通过软压板进行独立参数设

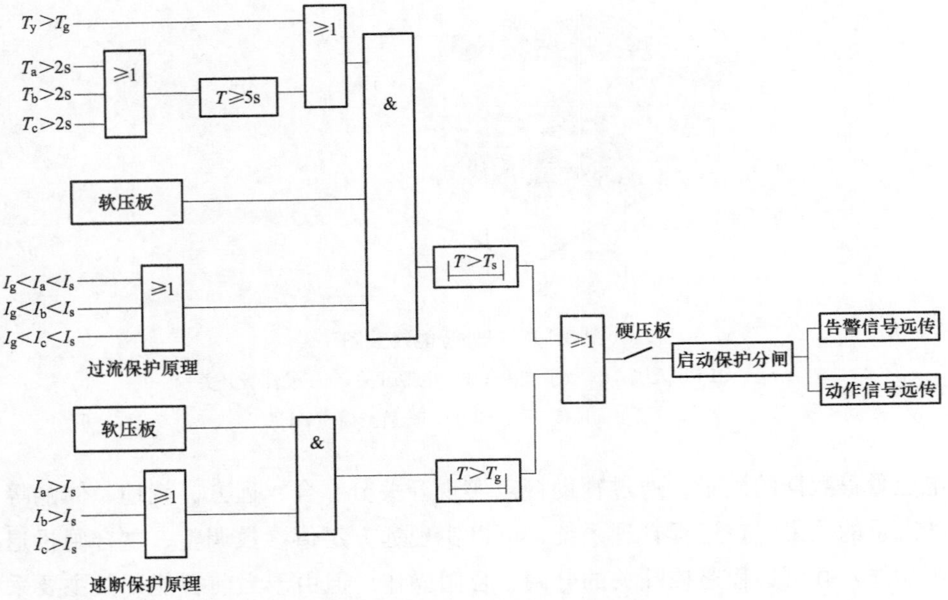

图 3-11　智能开关速断/过流保护原理图

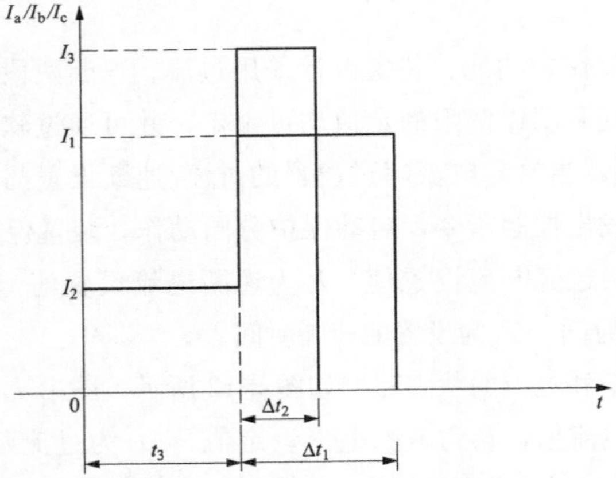

图 3-12　智能开关速断/过流状态序列图

置，选择接地保护动作功能投入/退出，可根据实际需求进行投跳/投信功能选择，接地保护分闸时间不低于 30s，装置接地保护功能原理如图 3-13 所示。

（4）重合闸功能。控制终端投入重合闸功能，智能开关故障动作后，在设定时间内重合闸一次。重合闸时，当故障为永久性故障时立即跳闸隔离故障，当故障为瞬间故障时重合闸成功，保持合闸恢复线路供电。重合闸保护

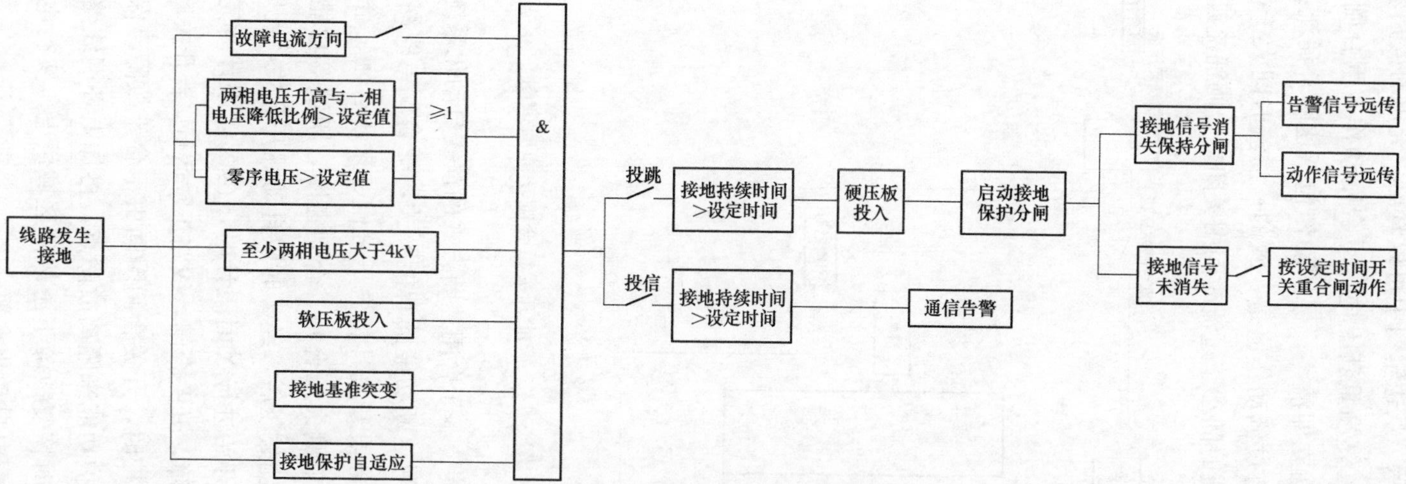

图 3-13　智能开关接地保护原理图

逻辑图，如图 3-14 所示。从逻辑图中可以看出：充电时间启动条件是检测到合位信号；开关分闸、终端重新上电、重合闸动作、重合闸闭锁延时未到、分闸则重合闸充电时间立即清零；保护动作包括速断，涌流，过流引起的开关动作；涌流动作值与过流动作值是一致的；涌流时间大于过流时间则启动涌流功能，反之，涌流时间小于过流时间则关闭重合闸涌流延时功能。

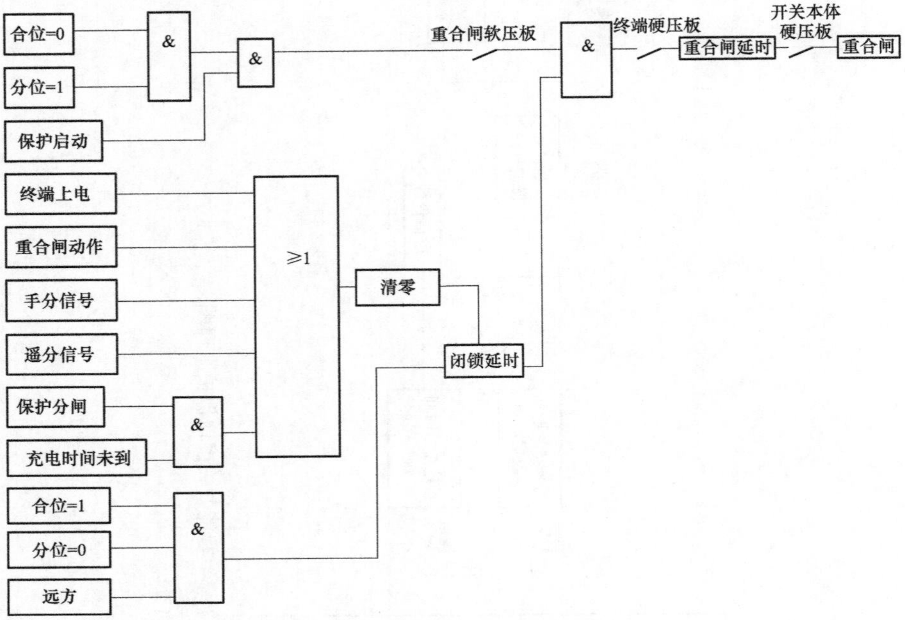

图 3-14　智能开关重合闸功能原理图

(5) 合闸速断功能。基于合闸速断方式的馈线自动化系统，分段开关和联络开关均采用具备合闸速断功能的智能开关，配合配电线路站内开关一次重合闸实现故障隔离。分段开关具备失压分闸、来压合闸、合闸速断、闭锁等功能。联络开关具备单侧失压合闸、合闸速断、闭锁等功能。线路正常运行时，当终端检测到双侧失压后，经 Z 时限自动跳开开关，此时整条线路停电。从一侧重新来电时，开始进行 X 时限计时，在 X 时限计时完毕启动保护，此时若该开关后段无故障，开关合闸，线路正常运行。若开关后段有故障，在 X 时限计时完毕启动保护时，开关合闸瞬间由于合于故障，保护动作，开关分闸。通过合闸速断保护功能来隔离故障点，再加上环网线路配合联络开关单侧失压合闸，可以及时恢复故障下游故障区域供电，实行电网重构减小故障影响范围，大大提升配电自动化水平。

第四章

馈线自动化实现模式

本章阐述了馈线自动化的实现模式，介绍了典型改造方式及关键参数配置，并对各种模式下馈线故障处理步骤进行深入剖析。通过学习，可帮助了解馈线自动化的动作过程及其建设改造方式。

第一节　架空线路馈线自动化实现模式

下面介绍各种模式的适用范围、优缺点及FA原理进行分析，以及典型改造方式及关键参数配置，并对各种模式下馈线故障处理步骤进行深入剖析。

一、架空线路集中型馈线自动化

1. 集中型馈线自动化的特点

架空线路集中型馈线自动化适用于城区或城郊架空线路、光缆易于随杆塔架设、供电可靠性要求较高的区域。它的优点在于一次停电即可判断故障区间不用多次停电、可遥控实现故障的隔离与恢复非故障区域送电、故障恢复时间较短。但在光缆架设过程中，施工难度及维护成本较高，要实现非故障区域恢复送电必须有变电站出线开关的遥控功能。

2. 集中型馈线自动化动作逻辑

集中型馈线自动化是由配电主站实时监控配电网保护动作信号、开关变位信号、量测信号以及配电网故障测量信号，实现对配电网故障的诊断定位、故障隔离以及非故障区域的恢复供电等处理功能。其动作逻辑原理主要包括以下方面：

(1) 分为短路故障与接地故障两种。短路故障识别主要是根据断路器跳闸以及其相关保护动作信号作为启动条件判别故障；接地故障识别是根据配电网开关的零序过流保护动作/接地特征值信号等辅助变电站母线失压信息作为启动条件识别故障。

(2) 配电主站根据开关位置状态实时分析配电网的供电关系，根据上送配电网故障测量信号的终端形成故障路径信息，依据故障点在故障路径末端的原则实现故障定位。对于环网（或含分布式电源）供电线路，故障信号中需包含方向信息，用以判别各故障路径的方向及末端。

(3) 根据开关位置状态信息以故障点为起始点向外搜索所连接的边界开关，边界开关是指当前为分闸的开关或者是可以参与故障隔离操作的开关。由边界开关包围故障点所形成的区域就是故障区域，其中处于合闸位置的边界开关就是故障隔离需操作的开关。

(4) 故障而停电的范围区域除故障区域外都属于非故障停电区域，需要尽最大可能恢复非故障停电区的供电，以缩小故障停电范围。按照故障前的供电关系，将非故障区域分为故障上游区域和故障下游区域。对于故障上游区域，恢复供电的方案是通过对故障跳闸（保护动作）开关进行合闸操作，实现故障上游区域的恢复供电。对于故障下游区域，则通过搜索转供路径（联络开关）实现恢复供电。在进行转供方案确定时，需要考虑转供线路的负载能力，选择负载裕度大的线路作为最优的转供方案。

(5) 对于转供能力不足导致无恢复供电方案的情况，可考虑对待恢复区进行负荷拆分甚至甩负荷等手段以保证重要用户的恢复供电。

(6) 根据配置，配电主站可自动实现对故障的检测及定位，进行自动或人工对故障隔离和恢复方案的执行。

(7) 当出现终端通信故障、故障隔离开关操作失败等异常情况时，系统可通过实现扩大故障区域的方式进行相应的故障处理方案调整。

3. 集中型馈线自动化案例

以架空线路环网图为例，改造前的网架示意图如图 4-1 所示，该线路改造涉及的开关设备主要有三类，分别是分段开关、分支开关、和联络开关。

针对图 4-1 中的三类开关，分别制订改造方案：第一种方案是对分段开关进行“三遥”改造，更换具备电动操作机构、满足 TA、TV 采样，TV 供电、标准二次接口的柱上开关以及具备遥控功能的 FTU；另外两种方案是对分支开关进行“二遥”改造，更换具备电动操作机构、满足 TA、TV 采样，TV 供电、标准二次接口的柱上断路器以及具备故障检测、就地保护及信息远传

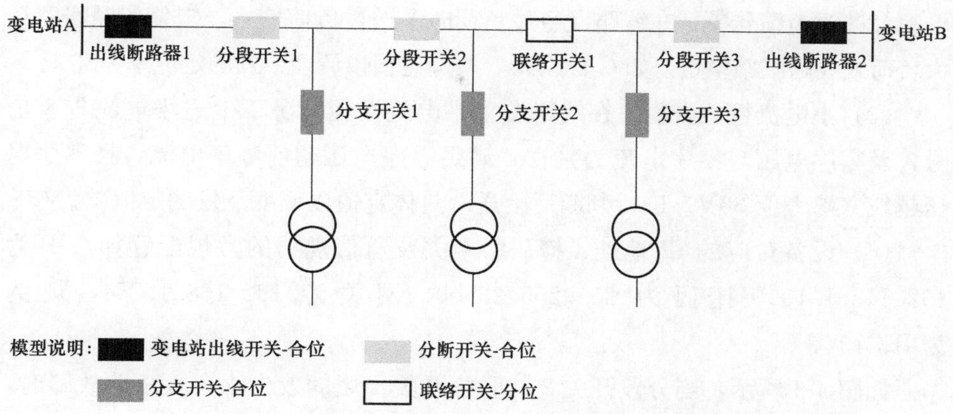

图 4-1　架空线路集中型 FA 模式改造前示意图

的“二遥”动作型 FTU，以就地隔离短路故障；第三种方案是对联络开关进行“三遥”改造，更换具备电动操作机构、满足 TA、TV 采样，TV 供电、标准二次接口的柱上开关以及具备遥控功能的 FTU。改造后的示意图如图 4-2 所示。

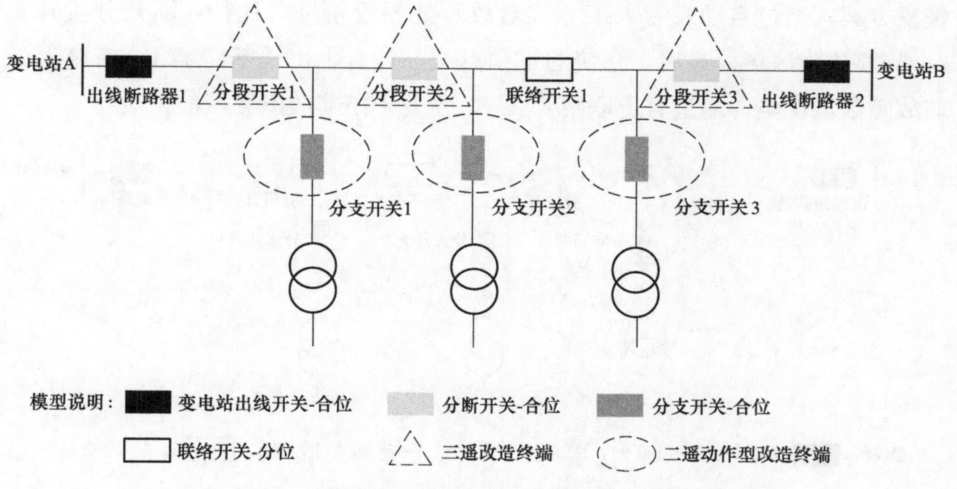

图 4-2　架空线路集中型 FA 模式改造后示意图

改造完成后，需对自动化设备进行关键参数配置，主要包括过流告警、过负荷告警、小电流接地告警、设备对应的 IP 地址、掩码、网关及通信规约的常规配置等。具体如下：

（1）过流告警：在发生短路故障时上送过流信号，定值可套用 1.2A（TA 变比 600/1 情况），0.1s，具体定值以调度下发的定值单为准。

(2) 过负荷告警：在线路发生过负荷时上送过负荷信号，定值依照线路最大负荷或线路限额整定，如 0.8A，6s，具体定值以调度下发的定值单为准。

(3) 小电流接地告警：在线路发生小电流接地情况下上送小电流告警信号，及零序电压与零序电流为判据，满足零序电压超前零序电流，且零序电压越线（参考值 30V）进行判断后上送，具体定值以调度下发的定值单为准。

(4) 设备对应的 IP 地址、掩码、网关及通信规约的常规配置如：IP 为 192.168.1.100，掩码为 255.255.255.0，网关为 192.168.1.254，规约为 IEC104。

如图 4-3 所示，当分段开关 2 与联络开关 1 之间发生永久性短路故障时，配电主站实时监视遥信变位信息，系统收到出线断路器 1 开关跳闸与保护动作（或故障）信号，认为线路发生短路故障，开始收集对应线路供电网络全面的故障信息。系统收集到分段开关 1 和分段开关 2 上送过流信号，开始进行故障定位，通过故障在过流信号末端的原理判断故障发生在分段开关 2 与联络开关 1 之间。接下来，系统根据故障定位结果生成可操作的故障隔离与恢复方案，通过自动或者人工方式对故障处理策略进行执行，断开分段开关 2，隔离故障区域。最后，系统通过信息交互，合上出线断路器 1，恢复上游非故障区域供电；通过合上联络开关 1，恢复下游非故障区域的供电。

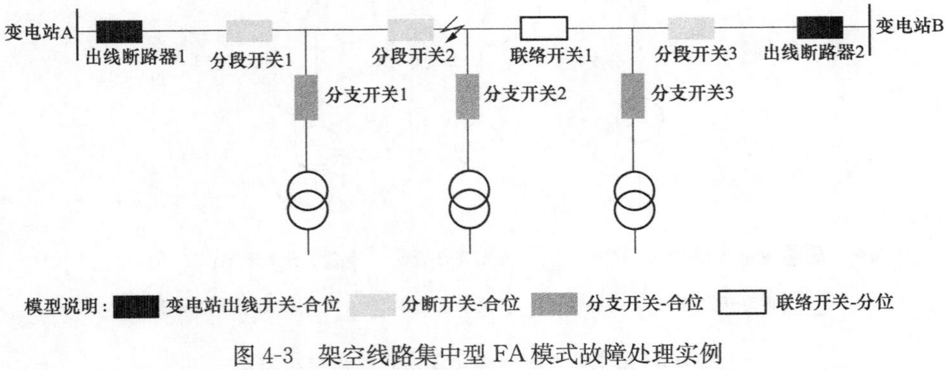

图 4-3 架空线路集中型 FA 模式故障处理实例

二、架空线路级差保护式＋就地型馈线自动化

1. 级差保护式就地型馈线自动化特点

架空线路级差保护式＋就地型馈线自动化适用于变电站 10kV 出线保护时间满足级差余度（300ms 以上）的架空线路。该架空线路上投入级差保护的开关需为断路器，且线路要求 2.5G 及以上无线网络覆盖。该类型馈线自动化

模式下，分支线故障不影响主干线供电，快速就地隔离分支线（二级分支）或末端线路故障，包括短路及接地故障、可通过无线上线故障信号收集故障停电范围并通过故障指示器来缩小故障指示范围。当然，由于主干线故障无法隔离，所以非故障区域恢复送电时，使用就地操作，恢复的速度较慢。

采用级差保护式就地型馈线自动化的线路，可通过加装小电流放大装置与故障指示、智能开关配合完成单相接地故障的定位。小电流放大装置通常配置于变电站出线第一级杆，变电站 1 条母线仅需配置 1 台小电流放大装置，且配置线路一般选择架空线路单相接地故障研判需求较大，且在线监测装置配置已较完善线路。故障指示器配置安装范围较广，配置原则如下：

（1）主线路的变电站第 1 个开关的负荷侧（后端）安装。

（2）如选择的安装点与开关等其他设备同杆时，调整至后一杆。

（3）电源侧为小号侧，负荷侧为大号侧，主线安装在杆塔的大号侧。

（4）支线第一根杆塔上应安装。

（5）主干线上安装上若干架空线路在线监测终端便于故障定位，原则距离间隔为 1km 左右或 20～30 基杆。

（6）存在超过 100m 的电缆分段，在电缆两侧上杆处各安装 1 只故障指示器。

（7）线路末端位置不安装。当分支线路（二级分支）变压器容量大于 1000kVA 或变压器台数大于 2 台以上时，分支线路开关选择安装智能开关。

2. 级差保护式＋就地型馈线自动化案例

以架空线路环网为例，改造前配电网网架情况如图 4-4 所示，图中涉及的开关设备包括分段开关和分支开关两类。

针对图 4-4 所示的网架情况，改造时，对于分支开关，将 FZ1、FZ2、FZ3、FZ4、FZ5、FZ6 进行“二遥”改造，更换具备电动操作机构、满足 TA、TV 采样，TV 供电、标准二次接口的柱上断路器以及具备故障检测、就地保护及信息远传的“二遥”动作型 FTU，就地隔离支线短路故障。同时，为更好地实现故障监测，在变电站出线第一级杆配置 1 台小电流放大装置，在线路上加装一定数量 J1-J11 远传型故障指示器，小电流放大装置与故障指示、智能开关配合，从而完成单相接地故障的定位。级差保护式＋就地型馈线自动化模式改造后的示意图如图 4-5 所示。

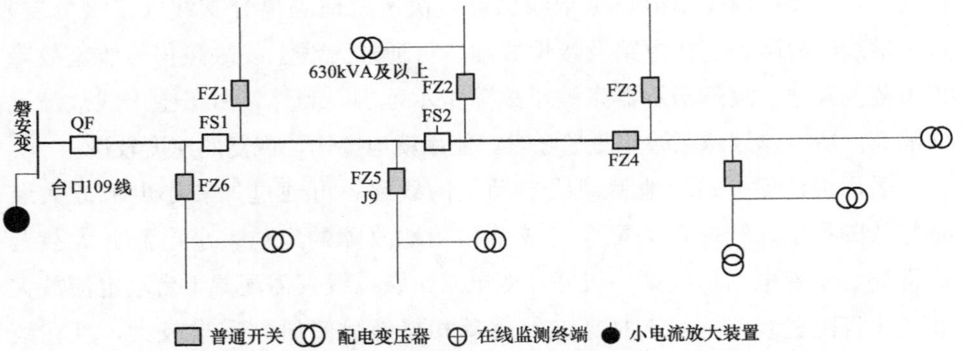

图 4-4　级差保护式+就地型馈线自动化模式改造前示意图

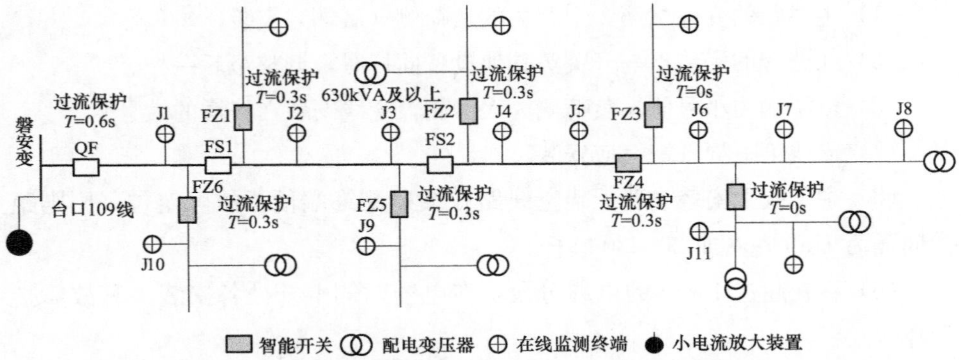

图 4-5　级差保护式+就地型馈线自动化模式改造后示意图

架空线路级差保护式+就地型馈线自动化模式下，改造后的自动化设备需进行关键参数配置，具体如下：

(1) 变电站出线开关速断保护延时 600ms，具体定值以调度下发的定值单为准。

(2) 分支开关：FZ1、FZ2、FZ4、FZ5、FZ6 速断保护延时 300ms，上送故障信号，启用不规律模型匹配与小电流放大装置配合，具体定值以调度下发的定值单为准。

(3) 二级分支开关：FZ3 速断保护延时 300ms，上送故障信号，启用不规律模型匹配与小电流放大装置配合，具体定值以调度下发的定值单为准。

(4) 故障指示器：J1-J11 启用不规律模型匹配与小电流放大装置配合。如图 4-6 所示，当故障指示器 J6 与 J7 之间发生永久性短路故障时，智能开关

FZ4 保护动作，在变电站速断动作前跳闸，隔离支线故障并上送故障信息。此时，故障指示器 J1 至 J6 生成过流告警并上送，配电自动化四区主站进行研判并确定故障发生在 J6 与 J7 之间。接下来，配电自动化四区主站抽取 J6 与 J7 对应的杆塔信息，编制成故障简报通过短信等方式发送给调度及运维人员，指导线路巡视。最后，现场运维人员通过就地操作进行非故障区域的恢复送电。

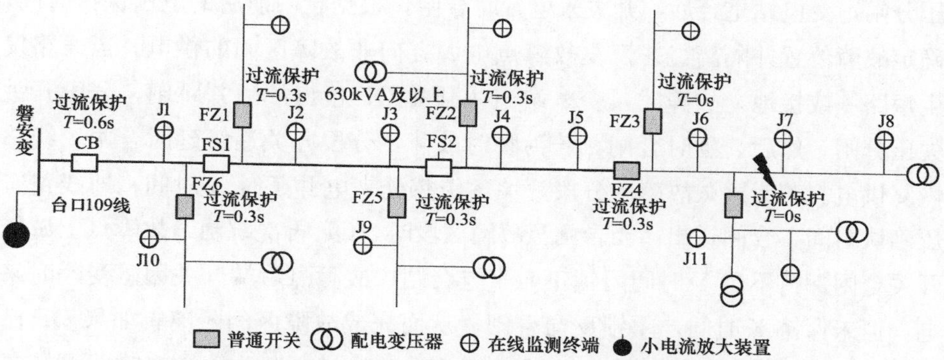

图 4-6　级差保护式＋就地型馈线自动化模式故障处理实例

三、架空线路电压时间就地型馈线自动化

1. 电压时间就地型馈线自动化特点

架空线路电压时间型适合单射或单联络架空线路、自适应型适合各种类型的架空线路、对通信要求不高 2.5G 及以上无线网络覆盖即可满足。一般供电可靠性要求不高于 99.99%的城市（城郊）电网、农村电网的架空线路可选用这种馈线自动化模式。在该模式下的馈线自动化不依靠主站即完成故障的隔离即非故障区域的恢复供电，动作时间较快（分钟级）、通信实现较为简单。但由于开关多次分合，用户会感受多次停电，影响用户满意度，对运维人员的要求较高，在运维人员熟悉设备逻辑之前，不建议投入。实际现场在进行架空线路自动化建设时，可采用集中型＋级差保护式、集中型＋重合器型等复合类型实现馈线自动化，从而选择最优的故障处理模式。

电压时间型馈线自动化模式下，变电站出线开关需配置至少 1 次重合闸，若只配置一次重合闸，首个开关的来电合闸时间需要躲过变电站出口断路器的重合闸充电时间。变电站出线开关到联络点的干线分段及联络开关，均可采用电压时间型成套开关作为分段器，一条干线的分段开关宜不超过 3 个。对于大分支线路原则上仅安装一级开关，配置与主干线相同开关。

电压时间型馈线自动化主要利用开关“失压分闸、来电延时合闸”功能，以电压时间为判据，与变电站出线开关重合闸相配合，依靠设备自身的逻辑判断功能，自动隔离故障，恢复非故障区间的供电。变电站跳闸后，开关失压分闸，变电站重合后，开关来电延时合闸，根据合闸前后的电压保持时间，确定故障位置并隔离，并恢复故障点电源方向非故障区间的供电。当线路发生短路（或接地）故障时，变电站出线开关 QF 检出故障并跳闸，分段开关失压分闸。然后，延时合闸，若为瞬时故障，分段开关逐级延时合闸，线路恢复供电。若为永久故障，分段开关逐级感受来电并延时 X 时间，即线路有压确认时间，合闸送出。当合闸至故障区段时，QF 再次跳闸，故障点上游的开关合闸保持不足 Y 时间闭锁正向来电合闸，故障点后端开关因感受瞬时来电，但未保持 X 时间，闭锁反向合闸。从而完成故障区间隔离。如果 QF 已配置二次重合闸或可调整为二次重合闸，在 QF 二次自动重合闸时即可恢复故障点上游非故障区段的供电。如果 QF 仅配置一次重合闸且不能调整时，可将线路靠近变电站首台开关的来电延时时间（X 时间）调长，躲避 QF 的合闸充电时间（比如 21s），然后利用 QF 的二次合闸时即可恢复故障点上游非故障区段的供电。

对于具备联络转供能力的线路，可通过合联络开关方式恢复故障点下游非故障区段的供电；联络开关的合闸方式可采用手动方式、遥控操作方式（具备遥控条件时）或者自动延时合闸方式。

2. 电压时间型馈线自动化案例

以架空线路多分段单联络线路网架为例，重合器式就地型 FA 模式改造前如图 4-7 所示，图中涉及的线路开关包括变电站出线开关、主干线分段开关、联络开关、大分支线路开关四类。

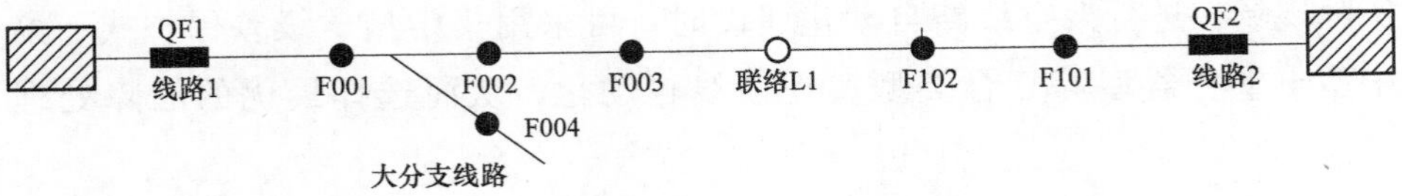

图 4-7　重合器式就地型 FA 模式改造前示意图

电压时间型馈线自动化模式下，对于主干线分段开关 F001、F002、F003，将其改造具备失电分闸、来电延时合闸功能的一二次融合开关，并配置“二遥”动作型 FTU。对于联络开关 L1，更换为具备单侧失压长延时合闸功能的一二次融合开关，并配置“二遥”动作型 FTU。对于大分支线路开关 F004，则需改造成具备失电分闸、来电延时合闸功能的一二次融合开关，并配置“二遥”动作型 FTU。改造后的示意图如图 4-8 所示。

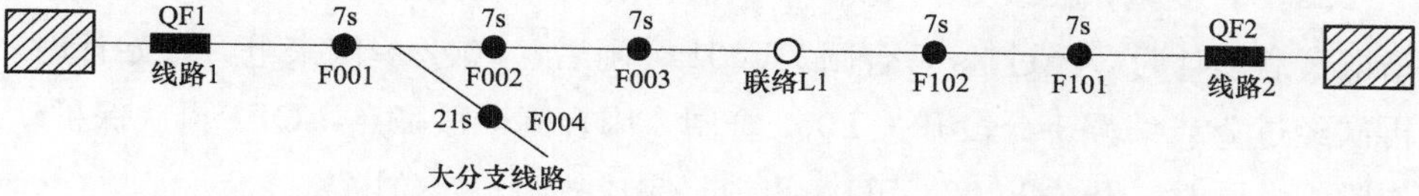

图 4-8　重合器式就地型 FA 模式改造后示意图

改造后的配电自动化开关还需进行关键参数配置，按照主干线优先恢复供电的原则，配置如下：

（1）变电站出线开关：QF1 投入二次重合闸，参考一次重合 2s、二次重合 15s，以调度下发的定值单为准。

（2）主干线分段开关：F001、F002、F003，启动分段模式，参数参考 X 时间 7s、Y 时间 5s、Z 时间 3.5s，失电分闸时间 0.3s，以调度下发的定值单为准。

（3）联络开关：L1：启用联络模式，参数参考 X 时间 45s、Y 时间 5s、Z 时间 3.5s，以调度下发的定值单为准。

（4）大分支线路开关：F004，启动分段模式，参数参考 X 时间以主干线最长恢复供电时间整定 21s、Y 时间 5s、Z 时间 3.5s，失电分闸时间 0.3s，以调度下发的定值单为准。

重合器式电压时间型在线路故障时，从故障隔离到恢复供电是一个动态过程，当线路正常供电时，如图 4-9 所示。变电站出口开关和线路分段开关处于合闸状态，联络开关处于分闸状态。

图 4-9　正常供电时线路接线示意图

此时，若分段开关 F002 和 F003 之间的 F1 点发生故障，变电站出线断路器 QF1 检测到线路故障，保护动作跳闸，线路上电压型分段开关 F001、

F002、F003 均因失压而分闸，同时联络开关 L1 因单侧失压而启动时间倒计时。此时线路开关的状态如图 4-10 所示。

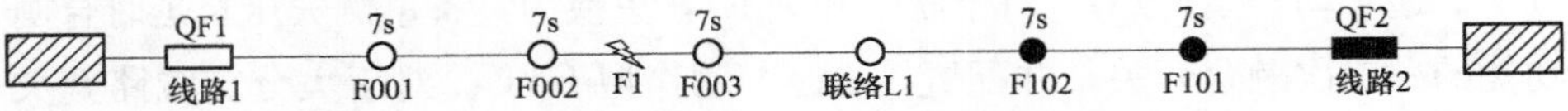

图 4-10　故障时线路开关状态示意图

2s 后，变电站出线开关 QF1 第一次重合闸。线路 1 分段开关 F001 单侧来电，启动计时，经过 7s 后合闸。F001 合闸后，F002 单侧来电，开始计时。再次经过 7s，线路 1 分段开关 F002 合闸。因合闸于故障点，QF1 再次保护动作跳闸，同时，开关 F002、F003 闭锁，完成故障点定位隔离。

变电站出线开关 QF1 设置两次重合闸，当第二次重合闸时，恢复 QF1 至 F001 之间非故障区段供电。7s 后，线路 1 分段开关 F001 合闸，恢复 F001 至 F002 之间非故障区段供电。最后，通过远方遥控（需满足安全防护条件）或现场操作联络开关合闸，完成联络 L1 至 F003 之间非故障区段供电。恢复后开关分合状态如图 4-11 所示。

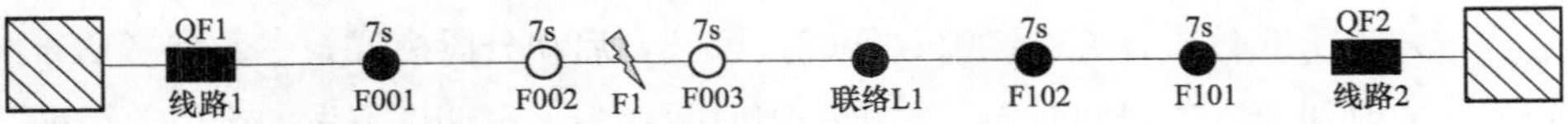

图 4-11　故障隔离后开关分合状态示意图

四、合闸速断式就地型馈线自动化

1. 合闸速断式就地型馈线自动化特点

架空线路合闸速断式就地型馈线自动化适用于单辐射、单联络或多联络的线路网架结构，变电站出口需配置一次重合闸。基于合闸速断方式的馈线自动化，线路分段开关、联络开关、分支线开关均采用一二次融合的智能断路器。主线上分段开关及联络开关投入合闸速断型馈线自动化功能，分支线开关投入电流保护和重合闸功能，退出合闸速断型馈线自动化功能。

分段开关具备失压分闸、来压合闸、合闸速断、闭锁等功能，联络开关具备单侧失压合闸、合闸速断、闭锁等功能，配合变电站内线路出线开关一次重合闸实现故障隔离。线路正常运行时，分段开关检测到突然停电失压，经 Z 时限延迟后启动无压分闸，当线路一侧再次来压时，经 X 时限开放保护启动来压合闸，通过合闸速断保护功能隔离故障，环网线路配合联络开关单侧失压合闸，及时恢复故障下游非故障区域供电，实行电网重构减小故障影响范围，大大提升配电自动化水平。

架空线路合闸速断式就地型馈线自动化模式下，改造后的自动化设备需进行关键参数配置，配置原则如下：

（1）变电站出线保护可退出过流Ⅰ段（瞬动段）并将过流Ⅱ段延时设置为0.3s及以上；当无法退出过流Ⅰ段时，应缩短过流Ⅰ段保护范围，电流定值按照线路出口处发生短路故障有灵敏度整定。

（2）分段开关应退出过流保护及重合闸，投入合闸速断型馈线自动化功能。

（3）分支线开关投入限时速断保护与定时限过流保护，保护动作于跳闸，并与变电站出线开关保护形成级差配合。限时速断保护定值一般整定为下游最大容量配电变压器额定电流的25倍，同时应小于或等于变电站出线保护过流Ⅱ段定值的0.9倍；动作时限可考虑实现与下级配电变压器保护/熔断器的时间级差配合，按照0.15s整定。定时限过流保护定值按2.5～4倍分支线最大负荷电流整定，实际工程中一般可选择为400A。动作时限按比本开关限时速断保护动作时限高一个时间级差整定。

（4）分支线开关投入单相接地保护，保护动作于信号或跳闸。对于现阶段应用的智能开关，用于不接地系统线路时，单相接地保护零序方向元件应投入，零序过流定值可设为5A；用于消弧线圈接地系统线路时，单相接地保护零序方向元件应退出，零序过流定值可设为8A。动作时限宜设为30s或以上。

（5）分支线开关原则上均应投入重合闸功能。若分支线开关下游线路存在小火电、小水电等小电源（不包括分布式光伏电站）接入的情况且开关不具备检无压功能时，分支线开关重合闸功能应退出。安装于用户分界处的分支线开关可不投入重合闸功能。考虑分布式光伏发电影响，重合闸延时设为3s。

2. 合闸速断式就地型馈线自动化案例

【案例一】典型辐射状线路

以典型辐射状线路网架为例，如图4-12所示，线路中原有的分段开关A、D、F一般采用柱上负荷开关，分支开关B、C、E一般采用柱上断路器。电源点S1为变电站出线断路器（具有重合闸功能，首次重合时间2s）。对线路进行合闸速断式就地型馈线自动化改造，线路主干线上的分段开关A、D、F

及分支开关 B、C、E 均更换为合闸速断型一二次融合智能开关。

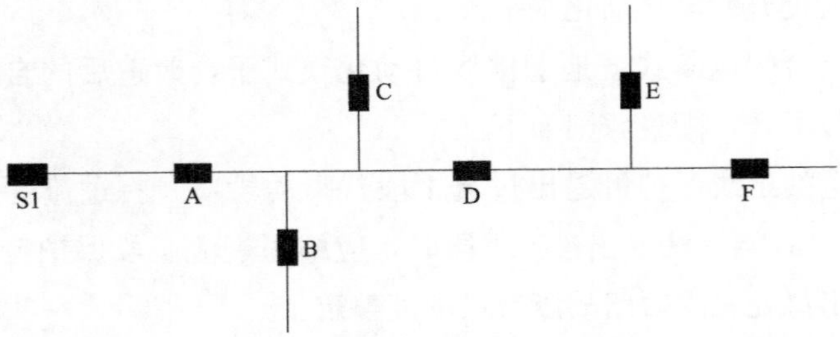

图 4-12　典型辐射状馈线

为避免故障模糊判断和隔离范围扩大，整定电压一时间分段开关的 X 时限时，一般应将线路上开关按变电站出线断路器合闸后的送电顺序进行分级，同级开关从小到大进行排序，保证任何间隔时间段只有一台分段开关合闸。具体参数配置如下：

(1) 确定相邻分段开关的合闸时间间隔 ΔT 即 X 时间暂定为 5s。

(2) Y 时间根据 X 时间定值设定，如 X 时限采用短时间间隔（$\Delta T=5$s）时，Y 时间整定为 3s。

(3) Z 时间根据变电站出线开关重合闸时间 $T1$ 设定，当 $T1\geqslant 2$s、$Z=(T1-1)$s，当 $T1<2$s 时，$Z=(T1-0.5)$s。

X 时间：来电合闸延时；Y 时间：退出过流保护延时；Z 时间：失压分闸延时。

【案例二】手拉手环网联络线路

典型的具有分支线路的手拉手环网配电网如图 4-13 所示。其中，D 为联络开关；S1 和 S2 为变电站出线断路器（具有 2 次重合闸功能，首次重合时间 2s）。改造后，主线 A、B、C、E 开关为合闸速断型分段开关。从变电站出线断路器到联络开关的路径：S1—A—B—C—D 和 S2—E—D 为主干线，其他路径为时间级差型保护分支线（注意：对于手拉手环网配电网，两侧的变电站都要留有转带对侧全部负荷的能力）。

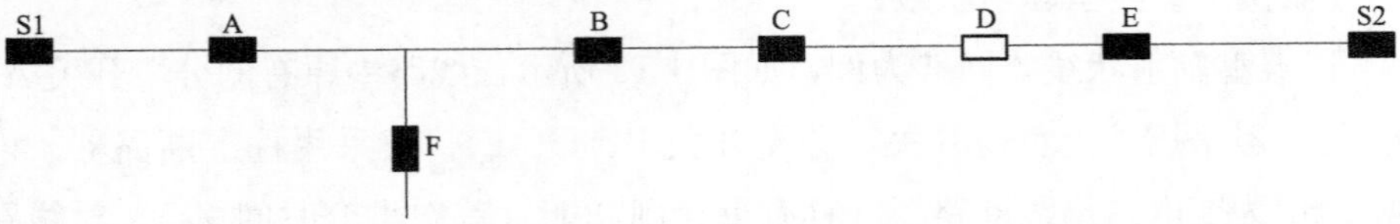

图 4-13　典型的手拉手环网配电网示意图

整定联络开关 D 的开关单侧失压合闸时限 XL 时限时，需考虑大于联络开关两侧线路发生永久故障后变电站断路器及分段开关动作时间的总合。正常情况联络开关处于分位，两侧带电，当一侧失电 XL 开始计时，XL 计时完成后联络开关合闸，实现负荷的转供。根据现场运行经验目前 XL 设定值为 $20+X\cdot n$（n 为本侧分断开关数量）；本案例参数具体配置如下：

（1）确定相邻分段开关的合闸时间间隔 ΔT，即来电合闸延时 X 时限定为 5s。

（2）退出过流保护延时 Y 时限根据 X 时限定值设定，一般低于 X 时限，如 X 时限采用短时间间隔（$\Delta T=5\text{s}$）时，Y 时限可整定为 3s。

（3）合闸速断时限，也就是 Z 时限根据变电站出线开关重合闸时间 $T1$ 整定，若 $T1=1.5\text{s}$，则 $Z=(T1-0.5)=1\text{s}$。

（4）联络开关单侧失压合闸时限 $XL=20+X\cdot n=20+3\times5=35\text{s}$。

（5）联络开关退出过流保护延时时限 ZL 应大于站内开关首次重合闸（1.5s），一般取 5s。

当分支线发生瞬时性故障时，故障点见图 4-14（a），由于分支线电流保

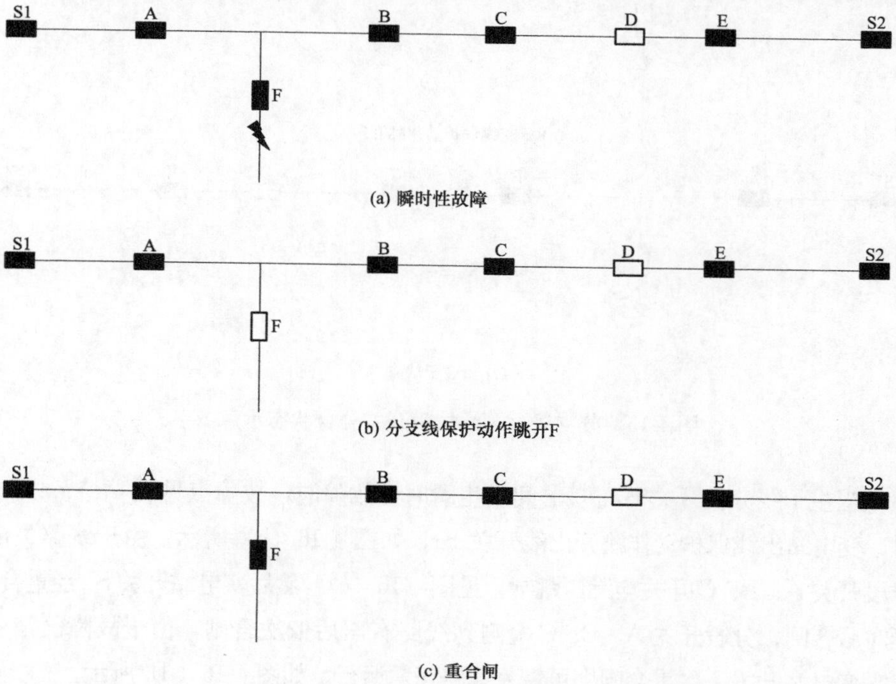

(a) 瞬时性故障

(b) 分支线保护动作跳开F

(c) 重合闸

图 4-14　分支线瞬时性故障开关分合状态示意图

护与变电站出线开关保护存在级差配合，分支线电流保护动作跳闸切除故障，此时开关分合闸状态如图 4-14（b）所示。然后分支线开关重合闸动作，分支线恢复正常运行。其开关分合闸状态见图 4-14（c）。图中 4-14 中实心表示开关合闸，空心表示开关分闸。

当分支线发生永久性故障时，故障点见图 4-15（a），由于分支线电流保护与变电站出线开关保护存在级差配合，分支线电流保护动作跳闸切除故障，如图 4-15（b）所示。最后重合闸动作，分支线开关重合于故障后再次跳开，主干线继续运行。其开关分合闸状态如图 4-15（c）所示。

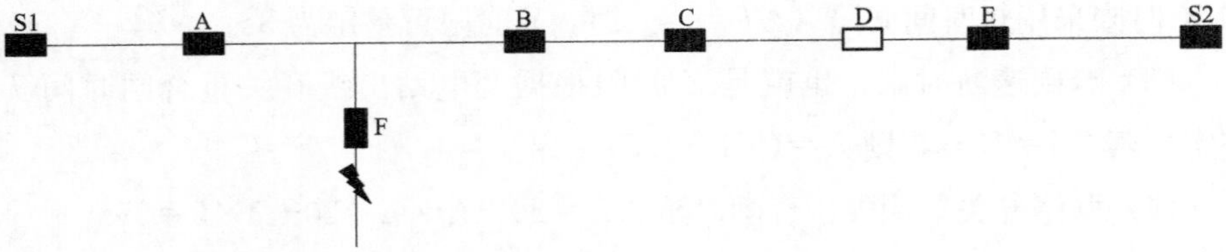

(a) 永久性故障

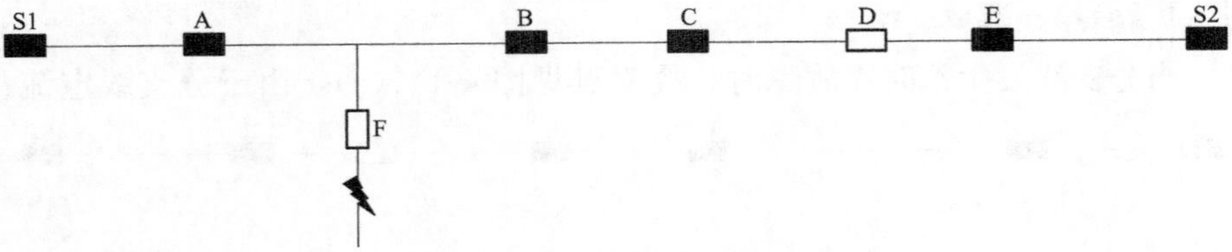

(b) 分支线保护动作跳开F

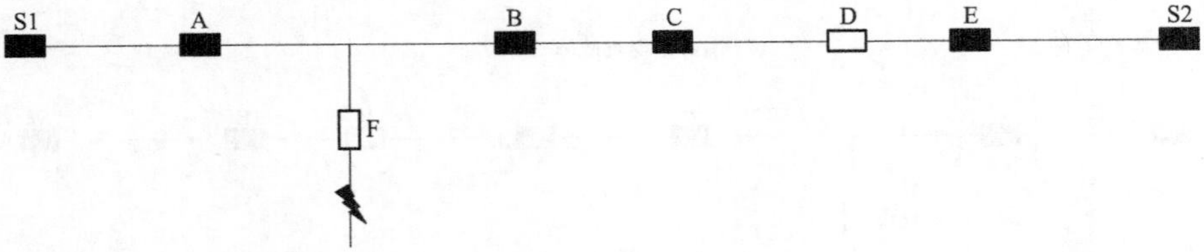

(c) 重合于故障

图 4-15　分支线永久性故障开关分合状态示意图

当主干线分段开关 B 与 C 之间发生瞬时性故障时，故障点见图 4-16（a）。此时，变电站出线保护动作跳开出线开关 S1，如图 4-16（b）所示。由于线路失电，分段开关 A、B、C 开关均无压跳闸，见图 4-16（c）。然后变电站开关 S1 经重合闸延时后合闸，分段开关 A、B、C 检测到线路有压后依次合闸，由于故障已消失，仅需变电站开关一次重合闸即可恢复线路正常运行，如图 4-16（d）所示。

当主干线分段开关 B 与 C 之间发生永久性故障时，故障点见图 4-17（a）。

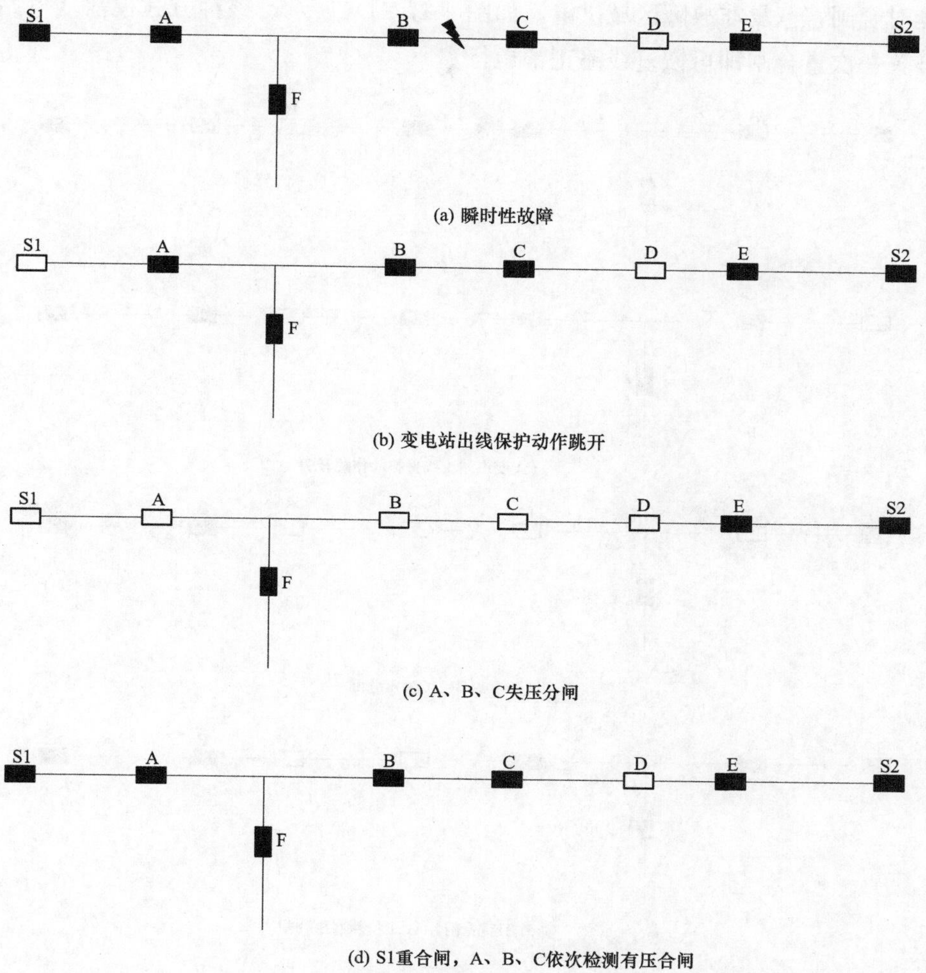

(a) 瞬时性故障

(b) 变电站出线保护动作跳开

(c) A、B、C失压分闸

(d) S1重合闸，A、B、C依次检测有压合闸

图 4-16　主干线瞬时性故障分合状态示意图

此时变电站出线保护动作跳开出线开关 S1，如图 4-17（b）所示。由于线路失电，分段开关 A、B、C 开关均无压跳闸，如图 4-17（c）所示。变电站开关 S1 经重合闸延时后合闸，分段开关 A、B 检测到线路有压后依次合闸，并在有压合闸时开放本开关瞬时过流保护，如图 4-17（d）所示。当分段开关 B 合闸时，由于重合于故障，分段开关 B 的瞬时过流保护动作，再次跳开本开关。由于变电站出线开关过流 Ⅰ 段退出或者保护范围较短，变电站出线开关保护不会动作。分段开关 C 由于检测到开关 B 合闸时的瞬时残压将闭锁本开关合闸，如图 4-17（e）所示。联络开关在检测到一侧无压一侧有压后经固定

延时合闸，恢复非故障区域供电，如图 4-17（f）所示。该种方式仅需变电站开关一次重合闸即可恢复线路正常运行。

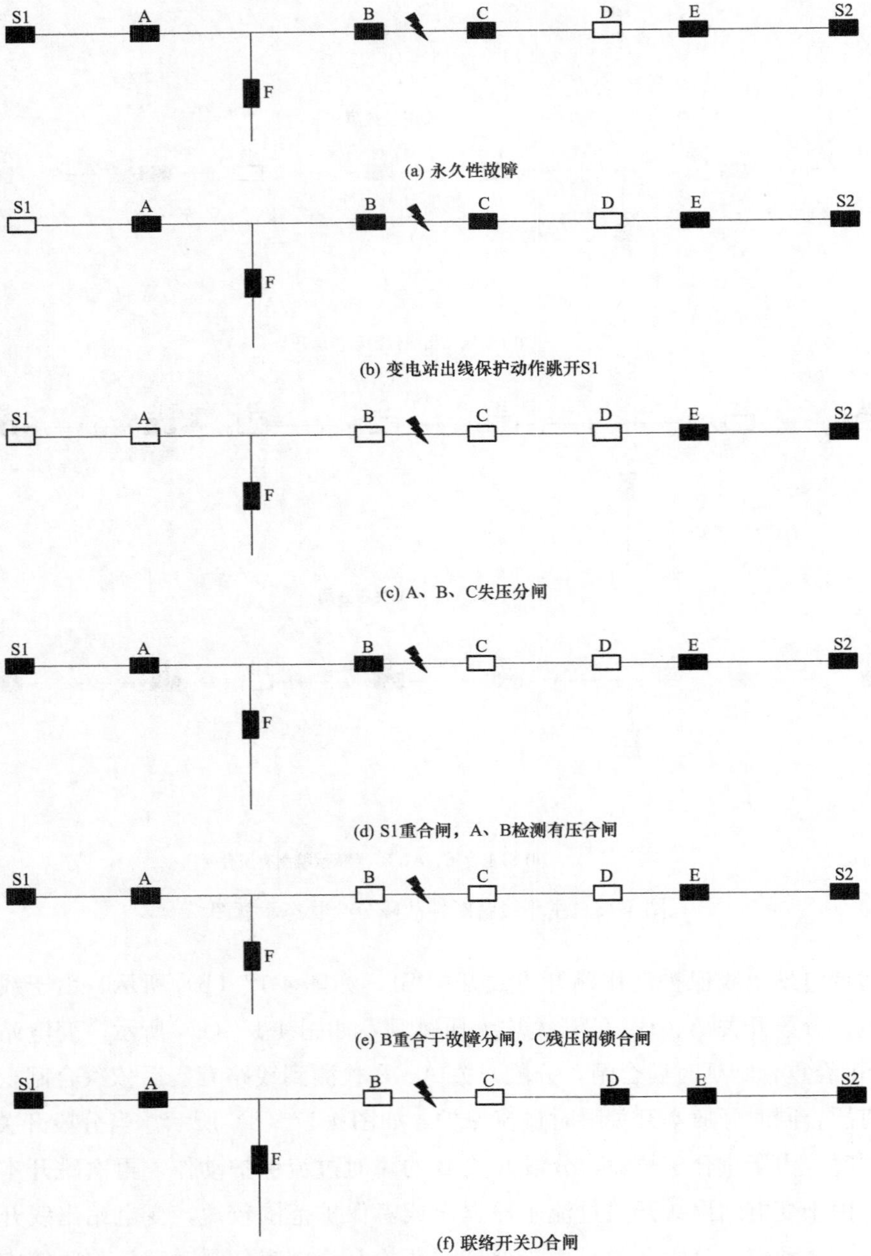
S1
A
B
C
D
E
S2
F
(a) 永久性故障
(b) 变电站出线保护动作跳开S1
(c) A、B、C失压分闸
(d) S1重合闸，A、B检测有压合闸
(e) B重合于故障分闸，C残压闭锁合闸
(f) 联络开关D合闸

图 4-17　主干线永久性故障分合状态示意图

第二节　电缆线路馈线自动化实现模式

电缆线路馈线自动化有两种实现模式，即电流集中型馈线自动化和智能分布式馈线自动化，下面对其适用范围及 FA 原理进行分析，并对各种模式下馈线故障处理步骤进行深入剖析。

一、电缆线路集中型馈线自动化

1. 电缆线路集中型馈线自动化特点

集中型 FA 模式适用于负荷密度大、重要工业园区、供电途径多的网状配电网或其他对供电可靠性要求较高的区域，在线路故障时，要求相应的信息能快速上传到主站，主站能迅速的根据上传信息推送故障处理策略，实现故障隔离和非故障区域恢复供电。集中型馈线自动化有全自动和半自动两种类型。

(1) 全自动式：主站通过收集区域内配电终端的信息，判断配电网运行状态，集中进行故障定位，系统自动完成故障隔离和非故障区域恢复供电；

(2) 半自动式：主站通过收集区域内配电终端的信息，判断配电网运行状态，集中进行故障识别，人工遥控故障隔离和非故障区域恢复供电。

优点：功能完善，一次停电即可判断故障区间，由配电自动化主站系统完成故障快速定位，通过主站自动或人工遥控完成故障隔离，并恢复非故障区段的供电，开关动作次数少，对配电系统冲击小。

缺点：网络架设难度及维护成本较高，要实现非故障区域恢复送电必须有变电站出线开关的遥控功能。

2. 电缆线路集中型馈线自动化案例

以电缆线路手拉手双环网为例，如图 4-18 所示。图中，A019 和 A029 为联络开关，第二个环网室Ⅰ段母线和Ⅱ段母线之间形成联络。在建设和改造过程中，所有开关间隔接入“三遥”功能，依据实际情况选择不同的 DTU 类型。配电自动化主站系统根据终端装置发来的故障（单相、两相或三相）电流信息、开关状态（合闸或分闸）信息及变电站自动化系统发来的变电站开关状态、保护动作信息、重合闸或备自投动作信息、母线零序电压信息等进行智能故障定位，进而进一步推送故障处理策略，自动或遥控对应开关，实现故障隔离和非故障区域恢复供电。

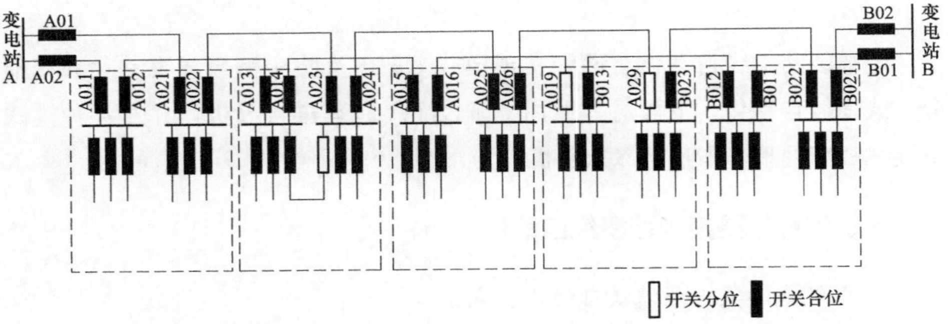

图 4-18　电缆线路双环网结构图

当任意环网室之间的联络电缆发生故障，故障点如图 4-19 所示，此时变电站出线开关动作，通过遥测信号，可判断故障点发生在故障电流流过的最后一级开关和没有故障电流流过的第一个开关之间，断开这两个开关间隔即可隔离故障，随后合上变电站出线开关和联络开关恢复非故障区域的供电。图 4-19 中，A014 开关和 A105 开关间发生永久性电缆故障，变电站 A 出线开关 A02 将故障动作，配电主站系统根据 A02、A011、A012、A013、A014 开关过流信号，通过故障在过流信号末端的原理，判断故障发生在 A104 和 A015 之间，系统根据故障定位结果生成可操作的故障隔离与恢复方案。

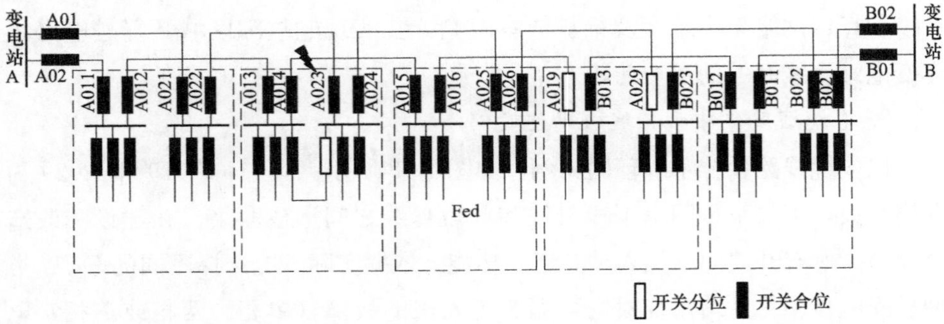

图 4-19　单一干线故障示意图

（1）故障隔离：故障两侧 A014、A015 开关应断开。

（2）恢复供电：变电站出线开关 A02 和联络开关 A019 应合闸。

全自动式集中型馈线自动化将自动执行以上策略，半自动式集中型馈线自动化将通过人工遥控执行以上策略。

当任意环网室内的母线电缆发生故障，变电站出线开关动作，通过遥测信号，可判断故障点发生在故障电流流过的最后一级开关和没有故障电流流过的第一个开关之间，断开这两个开关间隔即可隔离故障，随后合上变电站出线开关和联络开关恢复非故障区域的供电。假设第二个环网室Ⅰ段母线发生故障，如图 4-20 所示，变电站出线开关 A01 故障动作，配电主站系统根据 A01、A011、A012、A013 开关过流信号，通过故障在过流信号末端的原理，判断故障发生在 A103 和 A104 之间的开关站母线，系统根据故障定位结果生成可操作的故障隔离与恢复方案：

（1）故障隔离：故障两侧 A013、A014 开关应断开。

（2）恢复供电：变电站出线开关 A02 和联络开关 A019 应合闸。

随后自动或人工遥控执行故障处理策略。

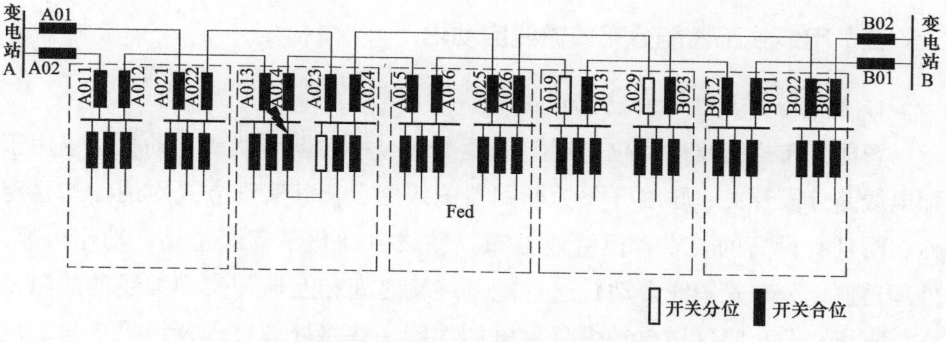

图 4-20　单一母线故障示意图

单一母线故障处理方法如下：

当任意环网室馈线故障，变电站出线开关动作，通过遥测信号，可判断故障点发生在故障电流流过的最后一级开关和没有故障电流流过的第一个开关之间的开关站，通过馈线遥测值判断故障在相应的馈线上，断开相应馈线开关即可隔离故障，随后合上变电站出线开关和联络开关恢复非故障区域的供电。假设第三个环网室馈线发生故障，如图 4-21 所示，变电站出线开关 A02 故障动作，配电主站系统根据开关 A02、A011、A012、A013、A014、A015 及馈线开关的过流信号，通过故障在过流信号末端的原理，判断故障发生在馈线 Fed 上，系统根据故障定位结果生成可操作的故障隔离与恢复方案：

(1) 故障隔离：馈线开关 Fed 应断开。

(2) 恢复供电：变电站出线开关 A02 应合闸。

随后自动或人工遥控执行故障处理策略。

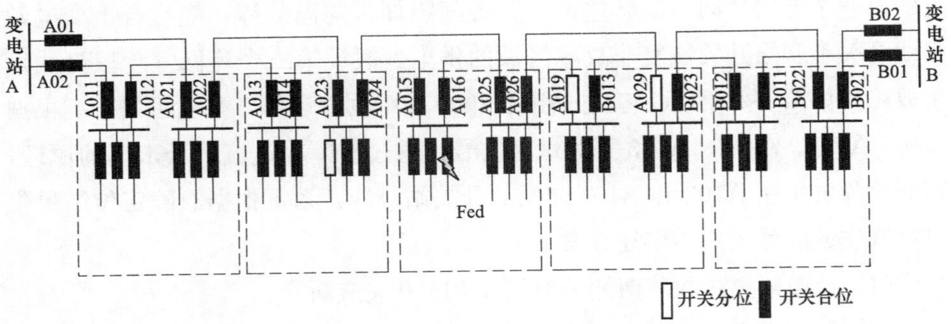

图 4-21　单一馈线故障示意图

二、电缆线路智能分布式馈线自动化

1. 智能分布式馈线自动化特点

智能分布式馈线自动化是近年来提出和应用的新型馈线自动化，应用于配电线路分段开关、联络开关为断路器的线路上，其实现方式对通信的稳定性和时延有很高的要求，但智能分布式馈线自动化不依赖主站、动作可靠、处理迅速。分布式馈线自动化通过配电终端之间相互通信实现馈线的故障定位、隔离和非故障区域自动恢复供电的功能，并将处理过程及结果上报配电自动化主站。

在浙江宁波已开展基于光纤差动保护及智能分布式馈线自动化建设应用。基于光纤差动保护及智能分布式馈线自动化能够就地自主快速完成故障切除，在非故障区域快速恢复供电，故障切除和恢复供电总时间小于 300ms。以光纤差动保护和智能分布式馈线自动化作为开环运行的主保护，保护范围覆盖环网上所有线路以及母线。线路保护采用电流差动保护，终端只与线路对侧的终端装置通信，通过判断对侧终端设备的电流与本侧电流的矢量信息进行故障精准定位；母线保护采用对等通信的分布式馈线自动化，只与相邻两侧设备交互电流、故障、开关状态等信息进行故障精准定位；馈线保护采用就地速断式保护实施故障隔离。智能分布式馈线自动化可处理配电网所有的故障类型（三相短路、相间短路、单相接地以及复合故障等），适应系统运行方式的改变，而且无需变电站出口断路器跳闸，直接就地完成故障定位隔离，缩小停电范围，减少停电时间。同时，它检测故障电流值，定值设定更准确，相比对等通信故障状态比较的判据，针对不同复杂网架结构，保护设置更准确。

2. 智能分布式馈线自动化系统原理

当本开关检测到过流Ⅰ段故障或接地故障，则启动智能分布式馈线自动化进行故障定位，定位时对于一个检测到故障的闭合开关来说，如果它左侧相邻所有闭合的开关都没有检测到故障，则表明故障点在它左侧节点；右侧亦然。对于一个未检测到故障的闭合开关来说，如果它左侧相邻所有闭合的开关有且只有一个开关检测到故障，则表明故障点在它左侧节点；右侧亦然。故障定位逻辑图如图 4-22 所示。

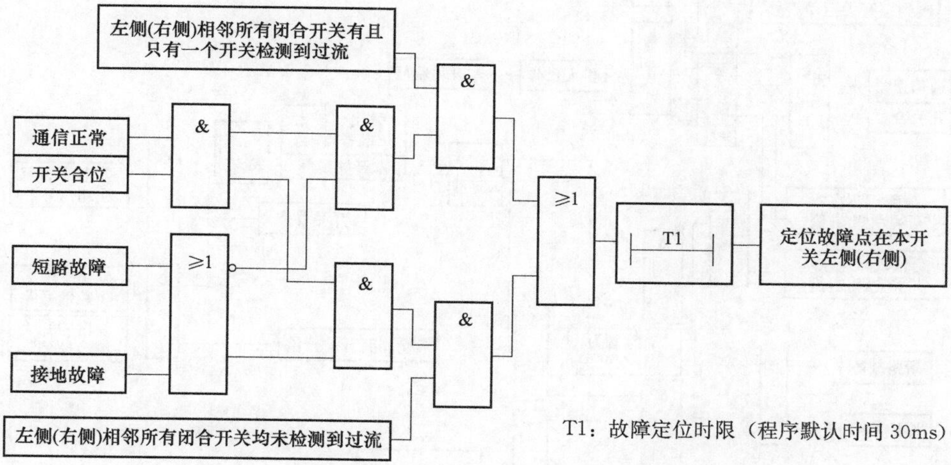

图 4-22　故障定位逻辑图❶

故障实现定位后，将进行故障隔离，对于一个闭合开关来说，如果故障点不在它左侧或右侧节点，则不进行隔离；如果在判定故障点在它的左侧或右侧节点，则：

❶　T1 时间不开放整定。

（1）若它检测到故障，则直接跳闸，并向故障上游侧断路器发送扩大化准备信号；开关分遥信返回后，向上游断路器发送隔离成功信号。

（2）若它未检测到故障且为故障对侧分支开关，则不隔离；若它未检测到故障且为故障对侧非分支开关，则直接跳闸。同时向故障下游发送扩大化准备信号，开关分遥信返回后，向下游发送隔离成功信号。

闭合的开关（未检测到故障的分支开关除外）收到扩大化准备信号后，启动定时器。定时器清零前，若收到隔离成功信号，计时器清零，不做扩大化隔离；若未收到隔离成功信号，则跳闸作为扩大化隔离。故障隔离及扩大化逻辑如图 4-23 所示（图中 T2 为扩大化准备信号判断时限，T3 为故障隔离遥信信号延时时限）。不考虑扩大化失败后的动作逻辑，扩大化失败后，联络开关不恢复；扩大化仅扩大化一次，不做多次扩大化。

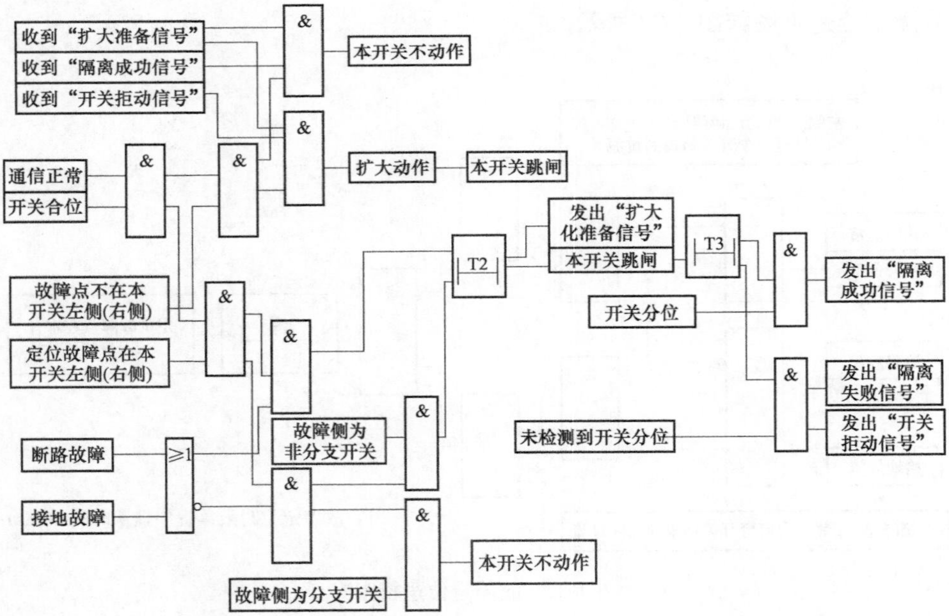

图 4-23　故障隔离、扩大化逻辑图

联络开关在每次接收到来自某一侧的电源信息后，立即向对侧传送“电源有效”遥信，一直传送到电源点出线开关或者另一个联络开关后停止传送。这样每个开关就了解到下游侧有几个有效联络。

在线路出现故障，并隔离成功后，故障点下游开关向下游传送“隔离成功”遥信，并等待来自下游侧所有有效联络开关传送过来的数据。当联络开关接收到来自某一侧的“隔离成功”遥信后，立即向这一侧传送对侧电源剩余容量值。一直传送到非隔离开关的断开开关，或者故障点下游隔离开关后停止传送。当故障点下游隔离开关接收到下游侧所有有效联络开关传送过来的值后，选取最大剩余容量的联络开关，并判断是否符合被失电的区域的负荷要求。并将恢复方案向下游传送。相应的联络开关收到恢复方案后，进行合闸，完成负荷转供（负荷专供时间约为300ms）。

故障点开关拒动扩大化成功后，联络开关按照上述逻辑进行故障恢复；若扩大化失败，则不进行故障恢复。

联络开关自适应逻辑：电源点信息会每隔5s向线路发送信息，如果开关是合状态，则记录电源点信息，继续转发，如果开关为分状态，则认为本开关为联络开关，记录联络信息。

智能分布式通信中断时，本装置会报“电源侧通信异常”和“负荷侧通信异常”，出现异常时各侧单独闭锁。

3. 基于差动保护及智能分布式馈线自动化系统案例

本模拟系统拓扑包括：2个变电站及3个开关站，其中S1为变电站站内开关，101、301为变电站10kV母线开关，106常开为联络开关，所有开关均为断路器。拓扑图如4-24所示。

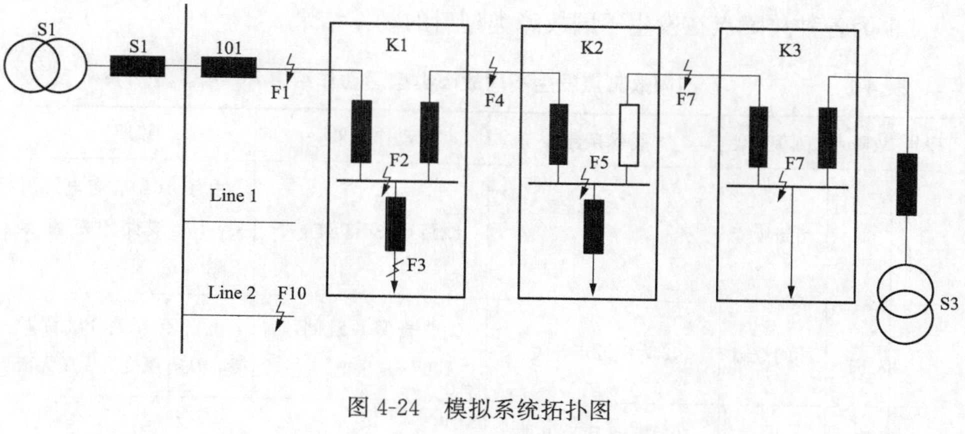

图4-24　模拟系统拓扑图

在每个环网箱，使用若干间隔单元和一台公共单元。每个间隔单元信息将会汇集至公共单元。同时每个环网箱的公共单元与主站通过光纤组成环网进行信息交互。另外，在环网箱的环进环出线间隔，通过光纤进行间隔单元的连接，用以实现光纤差动保护。通信网络拓扑图如图 4-25 所示。

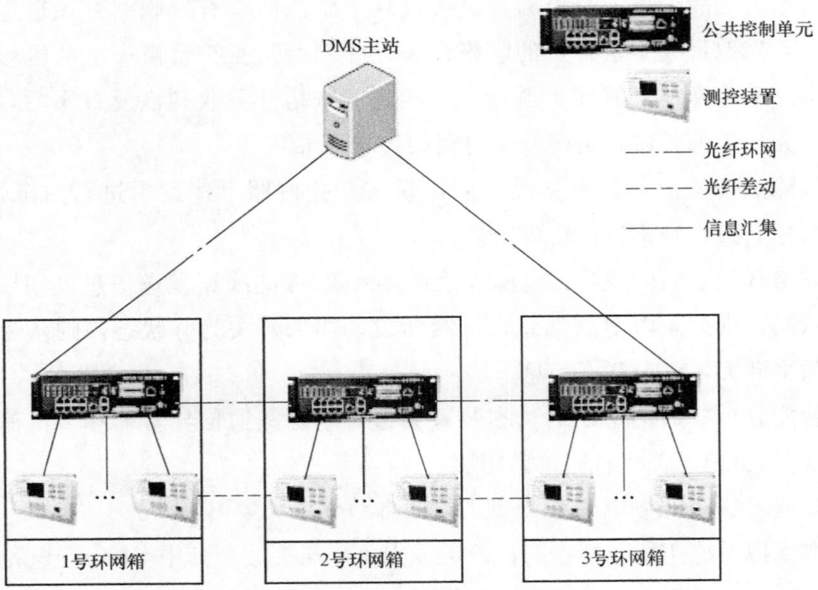

图 4-25 通信网络拓扑图

在图 4-24 中，F1、F2、F3、F4、F5、F6、F7、F8 分别是模拟故障点，表 4-1 为各种故障点在发生不同故障类型后的动作结果。

表 4-1 不同故障点发生不同故障类型后动作结果

序号	故障点	故障类型	特殊条件	动作结果	说明
1	F1	相间故障	无	线路开关不动作	由于 101 是变电站开关，FA 线路没检测到故障
2		相间故障	102 为电源点开关	102 告警并跳闸，开关 106 恢复供电	电源点开关 102 无故障，从有压变为无压无流
3			102 拒动且为电源点开关	线路开关不动作	
4			102 通信中断	线路开关不动作	

续表

序号	故障点	故障类型	特殊条件	动作结果	说明
1	F2	相间故障	无	开关102、103跳闸，开关106恢复供电	母线故障
2		接地故障	无	开关102、103跳闸，开关106恢复供电	母线故障
3			102拒动	103跳闸，开关106恢复供电	等待变电站开关101跳闸
4			103拒动	开关102、104跳闸，开关106恢复供电	开关104扩大化跳闸
5			102、103同时拒动	104跳闸，开关106恢复供电	变电站开关101跳闸，开关104扩大化跳闸
6			102通信中断，102、103后备保护未投入	线路开关不动作	等待变电站开关101跳闸
1	F3	相间故障	无	开关108跳闸，开关106不动作	108速断跳闸
2		接地故障	无	开关108跳闸，开关106不动作	108小电流接地跳闸
1	F4	相间故障	差动投入	开关103、104跳闸，开关106恢复供电	103、104跳闸是差动跳闸，且106是需要转供的，因为转供侧有105负荷
2		相间故障	差动未投入	开关103、104，开关106恢复供电	103、104是FA跳闸
3		接地故障		开关103、104跳闸，开关106恢复供电	
4		相间故障	103拒动	开关102扩大化跳闸，104跳闸，开关106恢复供电	
5		相间故障	104拒动	开关103跳闸，106不恢复供电	
6			103、104同时拒动	开关102扩大化跳闸，106不恢复供电	

续表

序号	故障点	故障类型	特殊条件	动作结果	说明
7	F4	相间故障	103A相TA断线	开关103、104跳闸，开关106恢复供电	由于103有TA断线，所以103按事故总触发FA，102与103相邻也按事故总触发FA，所以FA不会定位到102和103之间，103和104跳闸是差动动作
8		相间故障	103开关A、C相TA断线	开关102、103跳闸，开关106恢复供电	103开关A、C相TA断线，就是检测不到故障，则故障点就转化为F2故障，102、103跳闸，106转供
9		相间故障	TV断线	开关103、104跳闸，开关106恢复供电	TV断线不影响FA逻辑，与正常FA逻辑一致
10		相间故障	退出103、104开关分布式FA功能压板（差动未投入）	线路不动作	由于通信异常，闭锁分布式FA逻辑，线路不动作
11			退出103、104开关分布式FA功能压板，且投入后备保护（差动投入）	开关103、104跳闸，开关106恢复供电	开关103、104差动跳闸
1	F5	母线相间故障	无	开关104跳闸，开关106不动作	
2		母线相间故障	104拒跳	开关103跳闸，开关106不动作	上一级保护跳闸
1	F6	相间故障	无	开关303跳闸，开关106不动作	303是差动跳闸
2		相间故障	303拒跳	开关302跳闸，开关106不动作	上一级保护跳闸
1	F7	母线相间故障	无	开关302、303跳闸，开关106不动作	此时106转供没有意义，因为转供没有负荷
1	F8	接地故障	无	若变电站不跳闸，线路保持不变，若变电站跳闸，102从有压到失压无流，跳闸，106合闸转供	

第五章

配电自动化改造工程现场查勘

本章阐述了配电自动化改造工程现场查勘的意义、配电自动化站点改造前期查勘的内容以及查勘工作单的填写。通过学习，可帮助正确规范地开展配电自动化改造前的查勘工作。

第一节　配电自动化改造工程前期现场查勘

本节主要介绍自动化改造工程的前期现场查勘工作，包括配电自动化改造工程现场查勘的意义、配电自动化站点改造前期查勘的内容。

一、配电自动化改造工程现场查勘的意义

为实现配电网的自动化建设工作，我们需要对既有配电网进行改造。根据国家电网有限公司运维检修部的要求，对于既有配电线路，需要根据供电区域、目标网架结构与供电可靠性的差异，匹配不同的终端和通信建设模式开展改造工作，这就要求我们必须对现场的站点及设备情况有一个清楚的认知。现场站点与线路类型繁多，现场环境复杂，想要量体裁衣般地对现场各种站点及线路制订自动化改造计划，实施改造前就必须要对其进行前期现场查勘。站点的前期现场查勘是自动化改造工程的基础，也是工程能够顺利实施的保障。

二、配电自动化站点改造前期查勘的准备

配电自动化改造查勘工作开展之前，我们首先要对需要改造的线路、站点、设备有一个整体的了解并编写初步的改造方案，根据初步的方案筛选，可以将一些明显不满足改造条件的站点排除在查勘清单之外，减少无效工

作量。

1. 确认站点及线路选取的自动化改造方式和优先级

合理的电网结构是满足供电可靠性、提高运行灵活性、降低网络损耗的基础。高压、中压和低压配电网三个层级应相互匹配、强简有序、相互支援，以实现配电网技术经济的整体最优。因此，我们就需要根据改造目标线路站所处的电网结果进行自动化改造方式和优先级的判定。电网建设型式主要包括以下几个方面：变电站建设型式（全户内、半户外、全户外）、线路建设型式（架空、电缆）、电网结构型式（链式、环网、辐射）。

在查勘准备阶段，我们需要确认查勘站点采用的配电自动化建设模式及通信方式等。配电自动化站点及线路的改造方式选取应结合配电网的供电区域类型进行合理规划，以保障建设成效最大化。配电自动化站点及线路的改造顺序以先城区再郊区、先 A＋A 类区域再逐级往下进行为宜。各类供电区域配电网建设的基本参考标准见表 5-1。

表 5-1　各类供电区域配电网建设的基本参考标准

<table>
<tr><th rowspan="2">供电区域类型</th><th colspan="4">线路</th><th colspan="2">电网结构</th><th rowspan="2">配电自动化建设模式</th><th rowspan="2">通信方式</th></tr>
<tr><th>建设原则</th><th>线路导线截面选用依据</th><th>110～35kV线路型式</th><th>10kV线路型式</th><th>110～35kV电网</th><th>10kV电网</th></tr>
<tr><td>A＋、A</td><td rowspan="5">廊道一次到位，导线截面一次选定</td><td rowspan="3">以安全电流裕度为主，用经济载荷范围校核</td><td>电缆或架空线</td><td>电缆为主架空线为辅</td><td rowspan="3">链式、环网为主</td><td rowspan="3">环网为主</td><td rowspan="2">集中式或智能分布式</td><td rowspan="2">光纤</td></tr>
<tr><td>B</td><td>架空线必要时电缆</td><td>架空线必要时电缆</td></tr>
<tr><td>C</td><td>架空线</td><td>架空线必要时电缆</td><td>集中式或就地型重合器</td><td>光纤通信与无线网络相结合</td></tr>
<tr><td>D</td><td>按允许压降</td><td>架空线</td><td>架空线</td><td rowspan="2">辐射为主</td><td rowspan="2">辐射为主</td><td rowspan="2">故障指示器</td><td rowspan="2"></td></tr>
<tr><td>E</td><td>按允许压降和机械强度</td><td>架空线</td><td>架空线</td></tr>
</table>

2. 确认站点及线路是否具备自动化改造条件

在查勘前，我们需要对查勘站点做初步判断，其主要有三个方面的考量：

一是确认现场环境是否符合自动化改造要求；二是确认现场是否具备足够的空间以供放置自动化设备；三是确认现场一次设备设施是否具备改造条件。对于一些明显不具备自动化改造条件的站点或线路，应将其排除在改造清单之外。例如：现场环境过于恶劣、线路杆塔周边或开关站点内外空间明显不足、无法安置自动化设备、站点或线路上无合适的配电自动化终端交流电源取电点且无法新增、一次设备型号老旧导致无法进行增加电动操作（简称电操）机构或TA等。与运维班组确认，即将进行拆除或更换一次设备的站点和线路，出于经济实用原则，应该将其排除在改造范围外或等其更换完一次设备之后再行改造。

三、配电自动化站点改造前期查勘的内容

配电自动化改造工作是一项综合性的工程，包含前期设计、图纸规划、工程施工、工程验收等各个环节，所以前期的改造查勘工作必须组织所有相关人员（设计院、设备厂方、运维部门、信通公司、施工单位等）一同进行。针对电缆线路和架空线路不同的特点，将分别介绍下各自的查勘内容和要点。

1. DTU的查勘内容和要点

（1）查明并记录站点内部空间大小。

在进行站所现场查勘时，需对站点可用设备空间进行确认，从而判断安装DTU的类型（标准，壁挂，户外箱体等），并确认其放置的位置及安装地基情况是否符合标准。可以用红外测距仪或卷尺等测量设备，精确测量记录查勘站点内空间大小，以提供绘制设计图的依据。现场还需要对高压柜，低压柜等一次设备的长宽、前后左右距墙壁或其他设备的距离进行测量记录，最终结合现场各项条件，确认DTU放置的位置及其前后左右空间大小。DTU放置的位置宜在开关柜的两侧，如图5-1中的开关站点，DTU可以放置在开关柜的左侧。对于现场预设的DTU放置位置，其底部应有符合标准的地基基础，如图5-2所示。DTU在摆放时，正面朝向宜与开关柜操作侧朝向一致。DTU前后侧应留有足够的空间可供打开柜门及相关工作人员进行调试、接线等操作。

由于开关站、配电室、环网箱等站点现场实际情况各不相同，站点大小不一，站内外空间不同，查勘人员应根据查勘现场实际情况，选择合适的站所终端类型。站所终端按照结构不同可分为组屏式站所终端、遮蔽立式站所终端、遮蔽卧式站所终端、遮蔽壁挂式站所终端。

(a) 示例1　　　　(b) 示例2

图 5-1　DTU 放置位置参考

图 5-2　DTU 地基基础

若现场站内空间充足，地基符合情况符合标准，则选取组屏式或遮蔽立式“三遥”终端，通过机柜与开关并列方式，安装在配电网馈线回路的开关站、配电室、环网室、箱式变电站等处，如图 5-3 和图 5-4 所示。

若现场空间较小，无法新建地基放置标准组屏式或遮蔽式 DTU，可通过机柜挂于墙体或柜体方式，安装在配电网馈线回路的开关柜、箱式变电站内部（见图 5-5）。

若站内没有合适的空间，站外有空间可新建箱体，则可通过采用户外柜方式，在配电网馈线回路的开关柜、箱式变电站外部安装户外配电终端，户外配电终端如图 5-6 所示。

查勘时应依据 Q/GDW 625《配电自动化建设与改造标准化设计技术规定》和 Q/GDW 514《配电自动化终端/子站功能规范》，针对不同供电区域，合理配置“三遥”DTU，避免盲目追求“全三遥”（全遥信、全遥测、全遥控）。同时根据不同的应用场景，DTU“三遥”终端要求有不同的安装形式。DTU“三遥”终端安装形式推荐组屏式安装，各型终端的安装、结构、端子布置等详见附录 A。

（2）确认接入站点的开关柜情况和 DTU 型号。

图 5-3　组屏式 DTU“三遥”终端（标准）

图 5-4　遮蔽立式 DTU“三遥”终端

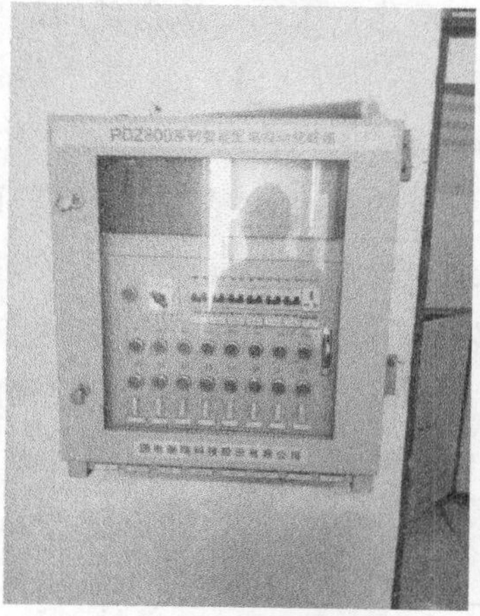

图 5-5　遮蔽壁挂式（非标）

图 5-6　户外新建箱体

查勘时应结合当地配电网实际运行情况，依据配电自动化电缆网有效覆盖的标准（见表 5-2），确认现场接入自动化系统的开关柜命名、柜号、型号并统计其数量，要求进线柜（如图 5-7 所示）必须接入，馈线柜（如图 5-8 所示）根据各地实际情况可自行参选。现场实际接入间隔不多于 8 个的，宜采用 8 路 DTU；实际接入间隔或今后有扩建需求，间隔数大于 8 个且小于等于 16 个的，宜采用 16 路 DTU，大于 16 路的，可采用多终端的形式。

（3）确认改造站点间隔采用的自动化模式。

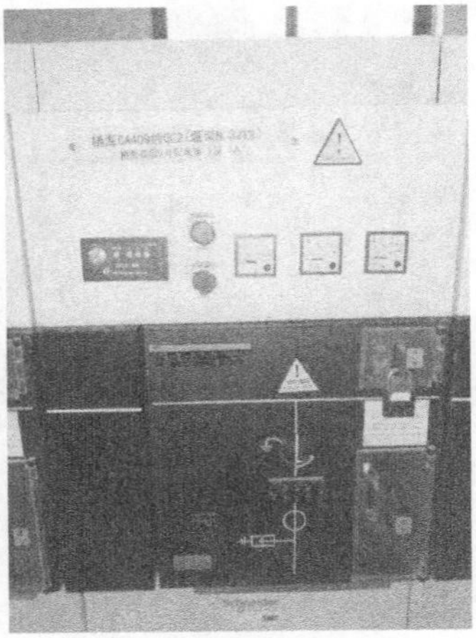

图 5-7　进线柜

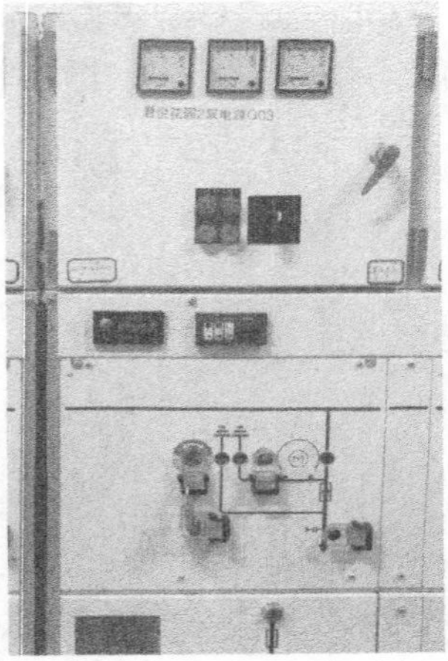

图 5-8　馈线柜

查勘中我们需要确认并记录每一个接入自动化系统的一次设备间隔所采用的自动化模式，“二遥”间隔具备基础的遥测遥信等功能，“三遥”间隔在“二遥”间隔所具备的功能基础上增加遥控等功能。

改造站点采用“二遥”或是“三遥”模式分为两种情况，对于新建配电线路和开关等设备，按照配电自动化规划，结合配电网建设改造项目，同步实施配电自动化建设。对于电缆线路中新安装的开关站、环网箱等配电设备，按照“三遥”标准同步配置终端设备。其次对于既有配电线路，根据供电区域、目标网架和供电可靠性的差异，匹配不同的终端和通信建设模式开展建设改造。电缆线路选择关键的开关站、环网箱进行改造，杜绝片面追求“全三遥”造成的一次设备大拆大建。参考表 5-2 的 DTU 功能列表，并结合当地实际情况，选择适合的改造方式。

表 5-2　　　　DTU 功能列表

功能			“三遥”型		“二遥”型			
					标准型		动作型	
			必备	选配	必备	选配	必备	选配
数据采集	状态量	开关位置	√		√		√	
		终端状态	√		√		√	
		开关储能		√				√
		SF_6 开关压力信号		√		√		√

续表

功能			“三遥”型		“二遥”型			
					标准型		动作型	
			必备	选配	必备	选配	必备	选配
数据采集	状态量	通信状态	√		√		√	
		保护动作信号	√	√	√		√	
		装置异常信号					√	
	模拟量	中压电流	√		√		√	
		中压电压	√	√	√	√	√	√
		中压零序电压	√		√		√	
		中压零序电流						
		中压有功功率		√		√		√
		中压无功功率		√		√		√
		功率因数		√		√		√
		环境温度		√		√		√
		蓄电池电压	√			√	√	
控制功能		开关分合闸	√				√	
		蓄电池远方维护	√			√		√
数据传输		上级通信	√		√		√	
		下级通信		√		√		
		校时	√		√		√	
维护功能		当地参数设置	√		√		√	
		远程参数设置	√	√	√	√	√	√
		程序远程下载	√		√		√	
		即插即用						
		设备自诊断	√		√		√	
		程序自恢复	√		√		√	
其他功能		馈线故障检测及记录	√		√		√	
		故障方向检测		√		√	√	
		单相接地检测		√		√	√	
		过流、过负荷保护		√			√	
		就地型馈线自动化		√				
		解合环功能		√				
		后备电源自动投入	√		√		√	
		事件顺序记录	√		√		√	

续表

功能		“三遥”型		“二遥”型			
				标准型		动作型	
		必备	选配	必备	选配	必备	选配
当地功能	运行、通信、遥信等状态指示	√		√		√	
	终端蓄电池自动维护		√		√		√
	当地显示		√		√		√
	当地其他功能		√		√		√

(4) 查看站点内一次设备状况并确认是否需要改造或加装。

配电自动化终端可分为“三遥”终端和“二遥”终端，为了实现配电自动化终端这些功能，我们需要对站内和线路上现有一次设备的 TA、电操及端子排等情况进行查勘。

接入站所终端的间隔若需要实现遥信功能，端子排上应至少具备一组遥信辅助触点，如图 5-9 (a) 所示；需要实现遥测功能的设备，应至少具备电流互感器，要求具备 A、B、C 相 TA 或 A、C、零相 TA，如图 5-10 (a) 所示，TA 二次侧电流额定值宜采用 5A 或 1A；需要实现遥控功能的设备，应具备电动操作机构，如图 5-11 (a) 所示。若现场一次设备不具备上述条件，则需要提前进行相应的设备改造以保证满足自动化终端的改造要求。

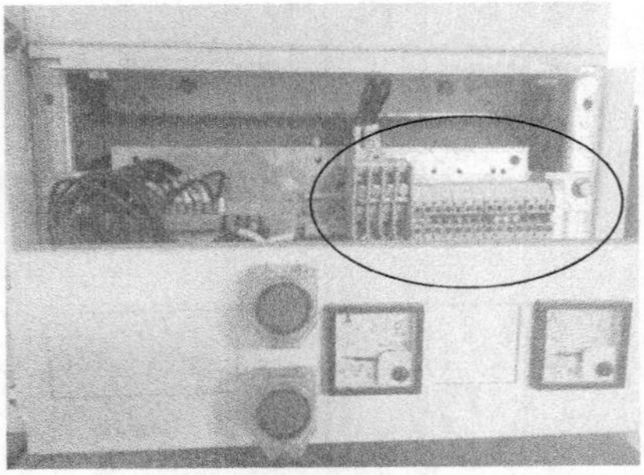

(a) 有遥信遥控遥测端子排

(b) 无遥信遥控遥测端子排

图 5-9 有遥信遥控和无遥信遥控的端子排

(5) 查明站点内是否具备取电点并确认电源电压等级是否符合要求。

配电自动化终端对供电电源的可靠性有较高的要求，查勘的时候须按照《国网浙江省电力有限公司配电自动化站所终端（DTU）技术条件》中对外部供电电源的要求（见表 5-3）来确认终端的取电点。

(a) 具备ABC三相TA的设备　　(b) 只具备B相TA(不符合要求)

图 5-10　具备 ABC 三相 TA 与只具备 B 相 TA 的设备

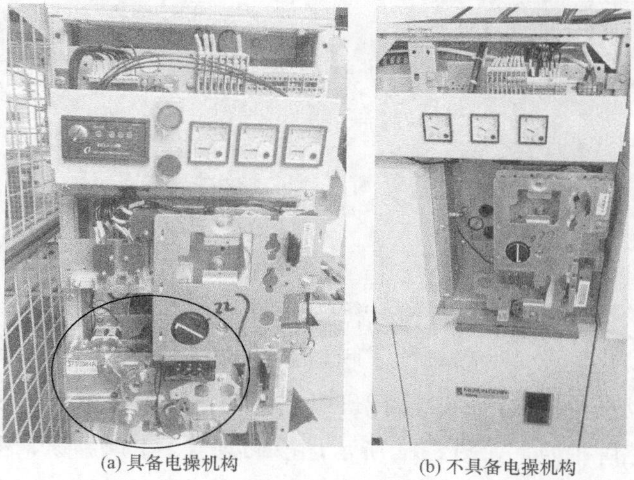

(a) 具备电操机构　　(b) 不具备电操机构

图 5-11　具备电操机构与不具备电操机构的设备

表 5-3　　DTU 外部供电电源要求

DTU 外部供电方式	外部交流 220V 电源供电
	电压互感器（TV）供电（220V）
电源路数	A、B 两路独立外部供电电源
电源供电容量	每路不小于 2000VA
开关电源交流输入技术参数指标	交流电源电压标称值应为单相 220V
	交流电源标称电压容差为＋20%～－20%
	交流电源频率为 50Hz，频率容差为±5%
	交流电源波形为正弦波，谐波含量小于 10%

查勘时结合当地采用的自动化终端设备的标准，确认提供的外部电源是否匹配设备要求，部分地区压变柜提供的电压不符合自动化设备需求条件，必要时可考虑采用升降压措施。站所终端电源点一般可采用压变柜（如图 5-12 所示），低压柜（如图 5-13 所示）等可靠外部交流取电点，若无相关设备可优先考虑新增压变柜，新增压变柜必须可提供 220V 电源。为进一步保证供电电源的可靠性，宜采用不同源的多电源接入模式。

图 5-12　TV 柜取电

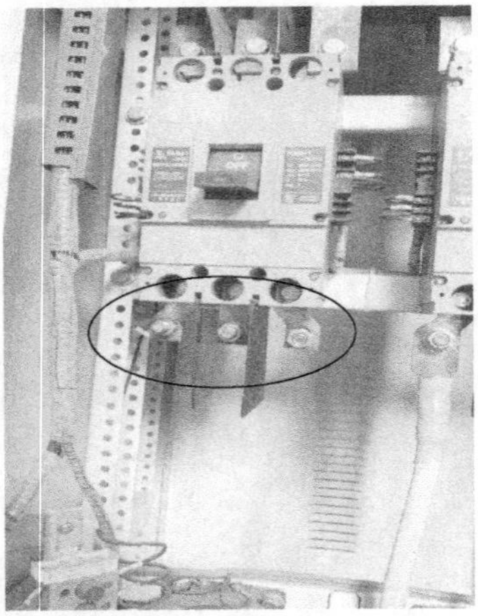

图 5-13　低压柜取电

（6）记录站点内一次设备相关资料。

配电自动化建设是一项长期工程，必要的数据积累，资料整理可以为之后的工作顺利进行提供帮助。运行班组或自动化运维班组在查勘时宜将相关一次设备的铭牌拍照，如图 5-14 所示，抄录型号、生产厂家、生产年月、出厂编号等信息并整理归档。

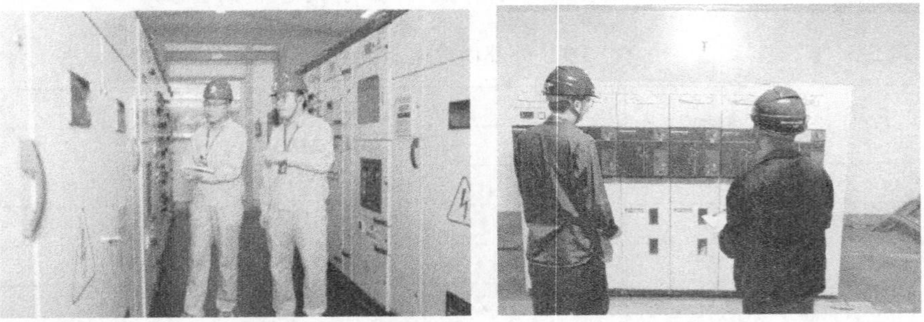

(a) 示例1　　(b) 示例2

图 5-14　一次设备的资料记录归档

（7）查录每个站点内的通信条件和通信管线架设通道情况。

通信网络的架设是自动化建设的重要组成部分，在查勘的过程中，需要对现场的通信条件进行记录。采用光纤或载波通信的站点，需核实站点内是否已匹配光纤交换机或载波机，并对管线架设通道方案有一个明确记录，因现场多为老旧站点改造，有可能存在通信管线无进站通道的情况，需要对电缆沟或其他通道基础进行改造施工，施工后需做防水、防小动物封堵措施。若采用无线通信，需测试终端安装位置的无线信号强度，确认强度能否满足运行要求（建议站门关闭的情况下，终端安装位置的 2G 信号大于－90dBm，4G 信号大于－110dBm）。

（8）查明每个站点内二次控制电缆走线方向、测量控制电缆长度并记录。

自动化终端与开关柜或其他一次设备之间需要进行二次线连接，在查勘时需确认二次控制电缆的敷设路径并记录所需的二次电缆长度及施工的辅材数量、型号，如图 5-15 所示，要求二次控制电缆的敷设不影响一次设备的正常运行、维护和操作，不影响后期一次开关柜拼柜等工作。

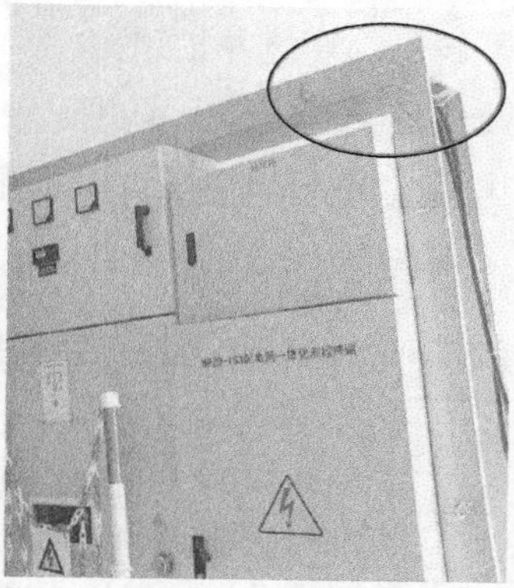

图 5-15　二次控制电缆桥架走线

（9）查明每个施工现场是否需要特殊搬用工具、叉车、起重机及其他工器具材料并记录。

每一个自动化建设现场的环境，建筑结构情况都不相同，部分改造现场由于空间狭小等原因，会存在施工困难的情况，查勘时需做相应的记录，对施工时是否需要特殊的搬用工具。叉车、起重机及其他工器具或额外增加施工人员应提前做好规划。

（10）查明每个施工现场是否具备安装设备进出通道和基础。若施工现场不具备安装设备的进出通道和基础，需提前对现场基础，建筑结构进行改造。开关站进出通道如图 5-16 所示。

图 5-16　开关站进出通道

2. FTU 的查勘内容和要点

（1）查明 FTU 拟安装位置的地理位置，杆塔类型，一次设备接线情况，并记录其周边环境。

查勘人员需对计划安装 FTU 的杆塔，柱上开关等进行勘察，记录杆塔类型，一次设备接线情况，了解周围环境并拍照。

（2）查明进行自动化改造的架空线路开关并记录其双重名称。

查勘时应结合当地配电网实际运行情况，依据配电自动化架空网和混合网有效覆盖配置原则，确认现场哪些开关进行自动化改造，详见表 5-4。

表 5-4　　架空网和混合网有效覆盖配置原则

架空网配置原则	主干线	线路首端（3 号杆及之前）安装远传型故障指示器
		第一个分段开关须为智能开关（时间电压＋保护后加速）
		其他分段开关处可安装智能开关（时间电压＋保护后加速）
		剩余分段开关处应安装远传型故障指示器
		联络开关须安装智能开关（为线损计算提供电量数据）
		通信方式采用无线
	分支线	对与主干线相连分支线的配电变压器数量大于 3 台或容量大于 1000kVA 或长度大于 1 公里的分支线，须在分支线首端（原则上在 1 号杆）安装智能开关（保护＋重合闸）
		分支线中其他开关处应安装远传型故障指示器
	2019 年有效覆盖计算原则	主干线路首端安装远传型故障指示器
		对与主干线相连分支线的配电变压器数量大于 3 台或容量大于 1000kVA 或长度大于 1 公里的分支线，在分支线首端（原则上在 1 号杆）安装智能开关（保护＋重合闸）

续表

<table>
<tr><td rowspan="4">混合网配置原则</td><td colspan="2">电缆网和架空网部分配置原则不变</td></tr>
<tr><td colspan="2">电缆线路上杆后 1 号杆须安装远传型故障指示器或智能开关</td></tr>
<tr><td rowspan="2">2019 年有效覆盖计算原则</td><td>电缆网和架空网部分计算原则不变</td></tr>
<tr><td>电缆线路上杆后 1 号杆安装远传型故障指示器或智能开关</td></tr>
</table>

（3）确认接入自动化的架空线路开关改造方式并确认其采用的自动化模式。

查勘时需确认接入配电自动化的架空线路开关是整体更换或对原有开关进行自动化改造，并确认接入自动化系统的架空线路开关所采用的自动化模式，“二遥”间隔具备基础的遥测遥信等功能，“三遥”间隔在“二遥”间隔所具备的功能基础上增加遥控等功能。

改造站点采用“二遥”或是“三遥”模式分为两种情况，对于新建配电线路和开关等设备，按照配电自动化规划，结合配电网建设改造项目，同步实施配电自动化建设。对于架空线路，根据线路所处区域的终端和通信建设模式，选择“三遥”或“二遥”终端设备，确保一步到位，避免重复建设。其次对于既有配电线路，根据供电区域、目标网架和供电可靠性的差异，匹配不同的终端和通信建设模式开展建设改造。架空线路配电自动改造，以新增“三遥”或“二遥”成套化开关为主，原有开关原则上不拆除，用于实现架空线路多分段。具体我们可以遵循架空网和混合网自动化有效覆盖配置原则（见表 5-4），参考 FTU 功能列表（见表 5-5），结合当地实际情况，选择适合的改造方式。

表 5-5　　FTU 功能列表

<table>
<tr><td colspan="3" rowspan="3">功能</td><td colspan="2" rowspan="2">“三遥”型</td><td colspan="6">“二遥”型</td></tr>
<tr><td colspan="2">基本型</td><td colspan="2">标准型</td><td colspan="2">动作型</td></tr>
<tr><td>必备</td><td>选配</td><td>必备</td><td>选配</td><td>必备</td><td>选配</td><td>必备</td><td>选配</td></tr>
<tr><td rowspan="7">数据采集</td><td rowspan="7">状态量</td><td>开关位置</td><td>√</td><td></td><td></td><td></td><td>√</td><td></td><td>√</td><td></td></tr>
<tr><td>终端状态</td><td>√</td><td></td><td>√</td><td></td><td>√</td><td></td><td>√</td><td></td></tr>
<tr><td>开关储能</td><td></td><td>√</td><td></td><td></td><td></td><td></td><td></td><td>√</td></tr>
<tr><td>SF_6 开关压力信号</td><td></td><td>√</td><td></td><td></td><td></td><td>√</td><td></td><td>√</td></tr>
<tr><td>通信状态</td><td>√</td><td></td><td>√</td><td></td><td>√</td><td></td><td>√</td><td></td></tr>
<tr><td>保护动作信号</td><td>√</td><td>√</td><td>√</td><td></td><td>√</td><td></td><td>√</td><td></td></tr>
<tr><td>装置异常信号</td><td></td><td></td><td></td><td></td><td></td><td></td><td>√</td><td></td></tr>
</table>

续表

功能			“三遥”型		“二遥”型					
					基本型		标准型		动作型	
			必备	选配	必备	选配	必备	选配	必备	选配
数据采集	模拟量	中压电流	√				√		√	
		中压电压	√	√			√	√	√	√
		中压零序电压	√				√		√	
		中压零序电流								
		中压有功功率		√				√		√
		中压无功功率		√				√		√
		功率因数		√				√		√
		环境温度		√				√		√
		蓄电池电压	√					√		√
控制功能		开关分合闸	√						√	
		蓄电池远方维护	√					√	√	
数据传输		上级通信	√		√		√		√	
		下级通信			√					
		校时	√		√		√		√	
维护功能		当地参数设置	√		√		√		√	
		远程参数设置	√	√	√	√	√	√	√	√
		程序远程下载	√		√		√		√	
		即插即用								
		设备自诊断	√		√		√		√	
		程序自恢复	√		√		√		√	
其他功能		馈线故障检测及记录	√		√		√		√	
		故障方向检测		√				√	√	√
		单相接地检测		√						√
		过流、过负荷保护		√						√
		一次重合闸		√						
		就地型馈线自动化		√						
		解合环功能		√						
		后备电源自动投入	√		√		√		√	
		事件顺序记录	√		√		√		√	
当地功能		运行、通信、遥信等状态指示	√		√		√		√	
		终端蓄电池自动维护		√		√		√		√
		当地显示		√		√		√		√
		当地其他功能		√		√		√		√

（4）查明架空线路上开关的 TA，电操及端子排状况并确认是否需要改造或加装。

FTU 一次开关设备主要包括断路器、负荷开关、隔离开关等，随着配电自动化项目的建设，配合使用的开关主要为断路器和负荷开关，改造的途径可以是全新更换，也可以开关部件更换。若接入自动化系统的架空线路开关不是进行整体更换，勘察时需要对原有开关的情况进行检查并记录。

查勘中我们需要记录现场断路器的状态及改造需求如下：

1）是否有航空插头、电缆能和 FTU 相连。柱上断路器一般很少带航空插头，但在断路器的机构附近一般有接线盒，可以将开关操作回路和检测回路信号引出，和 FTU 连接一般不成问题，但是有些厂家或某些类型的产品，要想把操作回路和检测回路信号引出比较麻烦，需要将开关拆下来改造才可。

2）开关是否带辅助接点。

3）是否具备电动操作功能。电动操作的断路器机构一般都能和各种配电自动化系统配合。目前国内架空线路中安装的柱上断路器多数是手动产品，自身带 2 相保护 TA，在过流时可以自动分闸，但没有电动回路。在升级改造时需要更换很多零部件。

4）是否具有 TA。柱上断路器一般只有 2 只保护 TA 没有测量 TA，如果系统要求电流信号，则精度较低。

现场记录负荷开关的状态及改造需求如下：

1）是否有航空插头、电缆可以和 FTU 相连。

2）是否能够电动操作。电动操作机构分为以下几种情形进行考虑：分合闸都靠电机操作，操作时间都较长，一般在 1s 左右，由于分闸的时间长，有些系统通过 FTU 就地对故障保护，难以和上级开关实现配合；合闸靠电机操作，分闸靠跳闸线圈操作，能够适用所有系统；依靠电磁机构及永磁机构，基本上能够适用于所有系统，但电磁操作机构的操作电流大，FTU 需要配备容量较大的电源。

3）开关是否带有辅助接点。有些手动开关升级成电动开关，没有辅助接点，无法获取开关的状态。

4）开关是否具备内置的 TA，若不具备则增加外置 TA。

（5）确认现场 FTU 的取电点，加装 TV 的位置。

FTU一般采用加装TV（外置双TV，测量与给FTU供电），新增TV必须可提供220V电源，查勘时需确认其安装位置。

（6）查明并记录配电自动化改造的架空线路开关能否进行带电更换改造工作。

在满足安全的条件下，部分架空线路开关允许进行带电更换或者改造，以增加电网的供电可靠性。

（7）查明FTU安装位置的通信情况，确认通信线缆是否能够架设到位。

架空线路采用光纤或载波通信的，需确认通信通道建设路径以及所需的材料等，若采用无线通信的，需测试终端安装位置的无线信号强度是否能够满足运行要求。

（8）查明线路改造现场二次电缆的走向和长度并记录。

FTU与柱上开关、加装的TV之间需要进行二次线连接，要求在查勘时记录其走向和长度。

（9）查明每个施工现场是否需要特殊搬用工具、叉车、起重机及其他工器具材料并记录。

每一个自动化建设现场的环境，建筑结构情况都不相同，部分改造现场由于空间狭小等原因，会存在施工困难的情况，查勘时需做相应的记录，对施工时是否需要特殊的搬用工具、叉车、起重机及其他工器具或增加施工人员应提前做好规划。

（10）查明每个改造现场所需的施工辅材的类型及数量并记录。

查勘时需确定自动化开关，FTU安装所需的金具及其他附件材料的数量。

四、配电自动化站点改造前期查勘的危险点分析

自动化改造的前期查勘是整个自动化工程顺利实行的基础和保障，虽然看上去只是简单的记录工作，但正因为其看似简单，容易使人放松警惕，反而常常会发生危险。在查勘的过程中必须要保证相关人员的安全，提升对应人员的安全意识，因此针对自动化现场查勘，我们必须了解相关危险点和安全措施：

危险点1：现场联合勘查工作中，因组织人员较多，许多人员为第一次到达查勘现场，对现场环境不熟，易误碰带电设备造成人身伤亡，误动设备导

致开关分合闸造成电网事故。

预控措施：现场查勘必须有熟悉现场环境的运维人员带路，穿工作服，戴安全帽，进入现场前做好危险点告知，其他查勘人员听从指挥，做到同进同出，不独立行动，不乱碰现场设备。

危险点 2：查看开关柜 TA、电操，端子排等设备状况及查看自动化终端取电点时，有时需打开开关柜二次接线仓，低压柜柜门时，误碰带电点导致触电。

预控措施：若需要开仓门、开柜门工作，必须由运维人员进行并有专人监护，做好安全措施，与带电点必须保证足够的安全距离。

危险点 3：进行二次接线走线及通信管线通道规划，需打开电缆井盖板时，发生坠落伤害。

预控措施：需打开电缆井盖板时必须告知站点运维人员，在获得同意后，由多人操作，注意安全，加强监护。

危险点 4：进行户外查勘时，发生高空落物或从高处坠落导致伤亡。

预控措施：所有查勘人员必须配电安全帽，注意着装规范。

危险点 5：室内查勘，现场照明不足，导致碰伤、扎伤、摔伤等情况。

预控措施：查勘组织人员需携带足够的照明设备，带齐必要的急救物品，以防不时之需。

针对相关查勘人员思想容易松懈、麻痹的实际情况，可以通过开展“查勘安全专题”学习活动，在查勘工作开展之前组织相关员工进行集中安全教育和安全考试，进一步提高员工安全意识，树立安全理念，明确自身岗位安全责任。

第二节　现场查勘工作单的填写

本节内容主要介绍了开关站点改造查勘工作单的填写。通过本课程的学习，帮助学员掌握查勘工作单的填写。

在开关站配电自动化改造过程中，现场运维人员需要完整正确地填写现场查勘工作单，查勘工作单能够完整地保存查勘的相关信息，以便之后的查询。现场查勘工作单示例见表 5-6。现场查勘结束后，及时更新设备台账，并将查勘工作单等资料归档保存。

表 5-6　　现场查勘工作单示例

现场查勘工作单											
	日期：月　日										
编号	站名	开关柜双重命名	开关状态：合（1）分（0）	开关柜型号	是否有 TA	是否有电操机构及辅助触点	是否有合规接线端子排	采用自动化模式	是否有 TV 及其电压等级	DTU 型号	DTU 取电
1											
⋮											

说明：

1）柜名需填双重命名，例如汇德 CA209 线 G01 柜。

2）状态栏填写 1 或 0。

3）TA 填写 TA 变比和 TA 安装相位，如 400：5（AC）。

4）电操机构、端子排填写有无、自动化模式填写“三遥”“二遥”或“不接”。

5）TV 一栏填写是否有 TV 及其输出电压（220V，100V），如果 DTU 非 TV 取电可以不填写，如果需要新装 TV 则说明 TV 安装方式和现场施工量。

6）DTU 型号一栏填写根据接入间隔数量填写 8 路组屏或 16 路组屏，根据现场实际情况填写非标，标准，站外新建，并确认 DTU 摆放位置。

7）DTU 取电填写 DTU 取电方式，注明是否需双电源，如果非 TV 取电需写明具体取电位置。

查勘工作单的填写需结合查勘过程进行。到达现场，应仔细核对站点编号和站名，如图 5-17 所示，核对完成后，在记录单上填写好站点的双重名称。

按照工作计划，核对完站点名称，准确无误后，打开开关站门，对开关站内每一个开关柜双重命名进行记录，如图 5-18 所示。

在记录开关柜双重名称的同时，可一并记录开关柜开关分合状态，在开关状态栏中填写“1”或“0”来表示“合”或“分”，如图 5-19 所示。

另外，现场查勘工作单上还需完整记录开关柜柜型，在柜型栏中填写开关柜品牌及其型号，如施耐德 SM6Q 柜、ABBF 柜等（如图 5-20 所示）。

同时，现场查勘工作单上需记录开关柜原有 TA 的变比和数量，若开关柜已停电，可打开开关柜一次部分电缆仓进行查看，如图 5-21 所示。若开关柜处于合闸状态，一次电缆仓无法打开，可通过观察窗进行查看。此时 TA

图 5-17　记录站点的双重名称

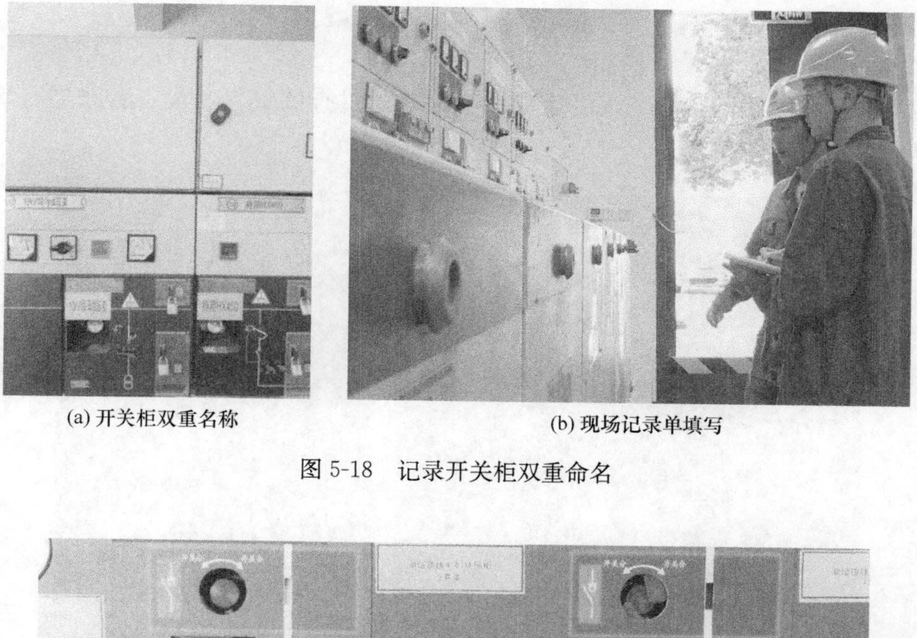

(a) 开关柜双重名称　　　　(b) 现场记录单填写

图 5-18　记录开关柜双重命名

图 5-19　记录开关柜分合状态

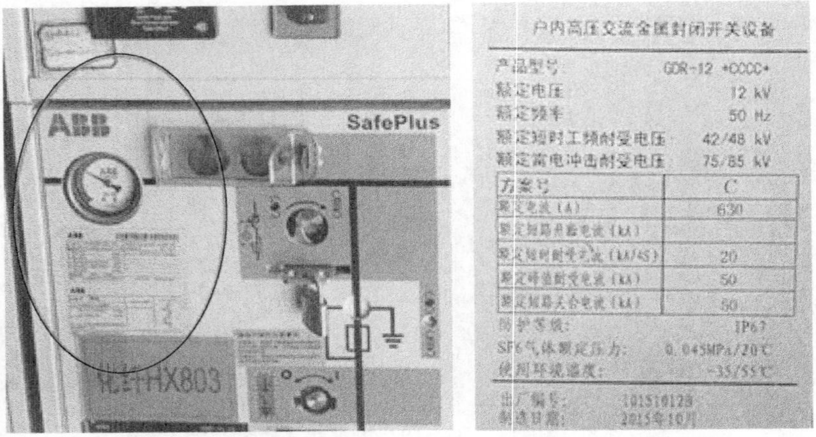
ABB
SafePlus
户内高压交流金属封闭开关设备
产品型号 GDR-12 *CCCC*
额定电压 12 kV
额定频率 50 Hz
额定短时工频耐受电压 42/48 kV
额定雷电冲击耐受电压 75/85 kV
方案号 C
630
20
50
50
IP67
-35/55℃

(a) 开关柜面板　　(b) 开关柜铭牌

图 5-20　记录开关柜型号

变比可能无法看清，需在现场查勘结束后，通过查阅资料和设备台账进行确认。并填写至记录单。

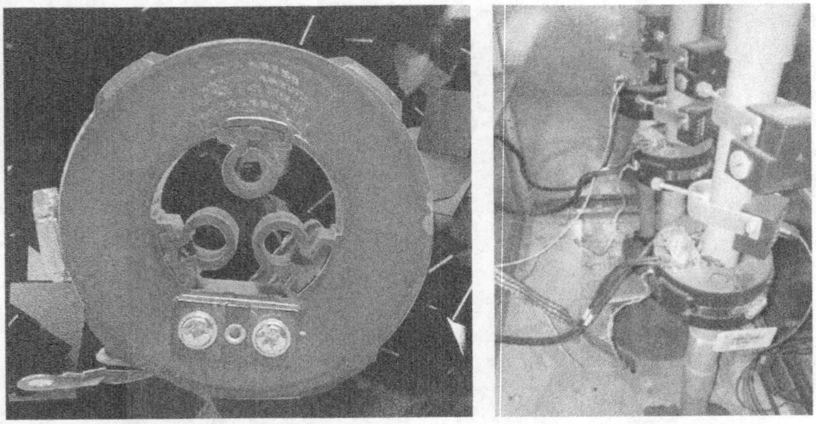

(a) TA外观　　(b) TA安装

图 5-21　TA 变比及数量

进行自动化改造的开关站点，开关设备应具备电动操作机构。所以在查勘时，需要记录接入自动化间隔的开关柜是否具有符合要求的电操机构、辅助触点以及二次端子排，如图 5-22 所示。

开关站点进行自动化改造时，需通过现场查勘记录确认间隔将采用的自动化模式，通常在记录单上该项填写“三遥”、“二遥”或“不接”。对于改造

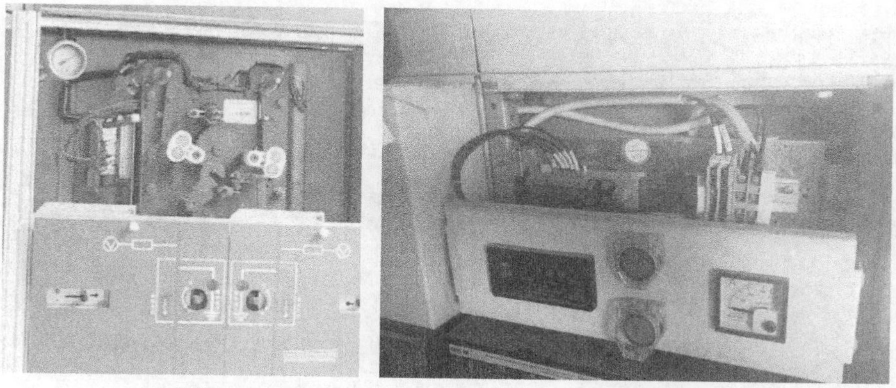

(a) 电操机构　　　　(a) 二次端子排

图 5-22　记录开关柜二次端子和电操机构的情况

后站点新加装的 DTU，需要考虑其供电方式，因此，需记录配电站所内是否具有 TV 柜，并填写 TV 的输出电压 220V 或 100V。如图 5-23 所示。如果需要新装 TV 则需要说明 TV 的安装位置（可用皮尺等工具测量 TV 具体位置），由于 DTU 的交流输入电压为 220V，故新拼 TV 的输出须为 220V。

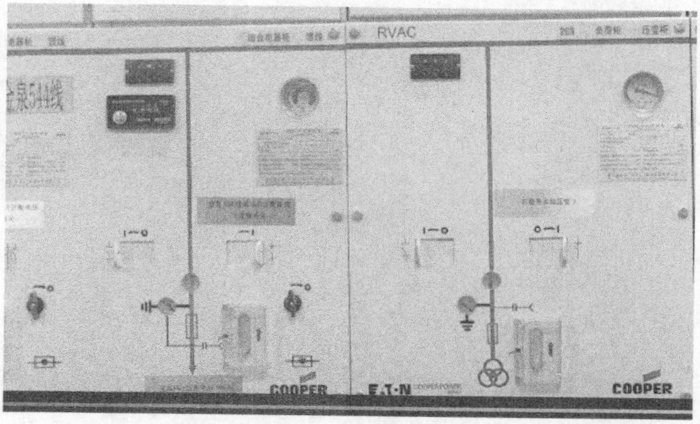

图 5-23　TV 柜

另外，记录单上还需确认采用的 DTU 型号，现场根据接入间隔数量填写 8 路组屏或 16 路组屏，并确认填写非标，标准。如需站外新建，需确认并填写 DTU 摆放位置。

最后，现场查勘人员需记录确认 DTU 取电方式，注明是否需双电源，如果非 TV 取电需写明具体取电位置。配电房再无新拼位置时可以由低压柜等外接交流 220V 取电，如图 5-24 所示。

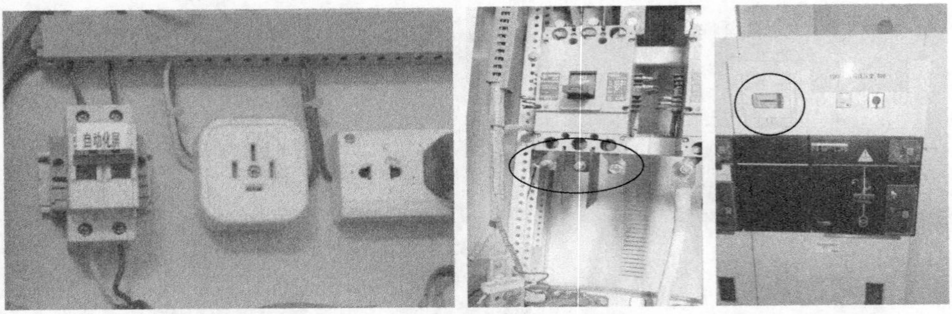

(a) 站点动力箱取电　　(b) 低压配电柜取电　　(c) 压变取电

图 5-24　记录 DTU 取电方式

第六章

配电自动化系统建设

配电自动化系统是配电自动化实现的核心部分，为配电网调度指挥和生产管理提供技术支撑。本章主要介绍了配电自动化系统建设原则，明确配电自动化系统建设的详细内容，并对配电自动化改造工程过程中配电自动化、信息化系统工作内容及工期安排进行了阐述。通过学习，可帮助掌握配电自动化改造工程过程中主站侧相关的准备工作。

第一节　配电自动化系统建设内容

配电自动化系统作为配电自动化实现的核心部分，主要实现配电网数据采集与监控等基本功能以及配电网拓扑分析应用等扩展功能，并与其他应用信息系统具有信息交互的功能，为配电网调度指挥和生产管理提供技术支撑。本节主要介绍了配电自动化系统建设原则，明确配电自动化系统建设的详细内容。

一、配电自动化系统建设内容

智能配电网建设主要包括“智能感知、数据融合、智能决策”三个方面：配电自动化系统作为配电网智能感知的重要环节，以配电网调度监控和配电网运行状态采集为主要应用方向；生产管理系统（production management system，PMS）2.0作为运检业务支撑系统，以静态电网数据和配电网运检业务流程为主要应用方向；配电网智能化运维管控系统作为智能决策的一部分，基于统一大数据平台，以智能分析、辅助决策、智能穿透管控为主要应用方向，实现配电网的智能运维管控。以上三大系统数据充分融合，将配电自动化系统采集的配电网运行数据与PMS2.0等业务系统进行共享，最终建成配电网智能化运维管控系统，实现了低电压、重过载、设备故障等信息的全面监测和深化应用。配电自动化系统利用云计算、大数据等技术，实现配电网全业务数据的总部、省、市、县四级可视化展示和在线分析，为配电网精益管理和精准投资奠定基础。结合大馈线整治工作，配电自动化主站系统完成了与PMS2.0的图模数据共享，确保配电自动化系统与PMS2.0图形拓扑保持一致。

根据国家电网有限公司要求，配电自动化主站建设需遵循以下原则：按照“地县一体化”构建新一代配电自动化主站系统；在遵循主站安全分区原则的前提下，实现“二遥”（遥信、遥测）数据管理信息大区采集应用，满足配电自动化快速覆盖的需要；主站建设模式充分考虑系统维护的便捷性和规范性，做到省公司范围内主站建设“功能应用统一、硬件配置统一、接口方式统一、运维标准统一”。

各地区在统一配电自动化主站建设标准的基础上，差异化开展终端建设，终端采用高端、常规、简易三种配电自动化建设模式，满足不同类型供电区域建设需要。

1. 高端模式

针对北京、上海、天津等国际化城市部分新区、园区，以国际领先的高可靠性目标网架为基础，综合运用光纤纵差保护、云（系统）保护等先进技术，实现高可靠性供电。通信主要采用光纤通信方式。

2. 常规模式

针对大部分A+、A、B类和部分C类供电区域，推广就地型馈线自动化，对配电线路关键节点进行自动化改造，实现故障区间就地定位和隔离，非故障区域可通过遥控或现场操作恢复供电。电缆线路主要采用光纤通信方式，架空或混合线路主要采用无线公网（无线虚拟专网），部分地区试点采用无线专网。

3. 简易模式

针对部分C类和大部分D、E类供电区域，综合运用配电线路故障指示器等设备，实现配电线路故障区间的准确判断定位，提高抢修人员查找故障的速度。可根据网架分段情况采用就地重合式馈线自动化。通信方式主要采用无线公网（无线虚拟专网）。

二、配电自动化系统建设覆盖原则

依据国家电网有限公司自动化覆盖目标和建设原则，浙江省因地制宜，制订了省内配电自动化有效覆盖原则。

1. 电缆网安排原则

自动化配置原则：主干网（中压开关站、环网单元、配电室、箱式变压器）安装“三遥”配电自动化终端设备，站内联络（进线）间隔采用“三遥”改造，出线间隔宜采用“一遥”或“二遥”改造（安装电缆型故障指示器或接入断路器保护相关信息，相关信息通过 DTU 上送至配电主站），通信方式采用光纤。

分支网安装“二遥”配电自动化终端设备或电缆型故障指示器，站内间隔采用“一遥”或“二遥”改造，通信方式采用光纤或无线。

2. 架空网安排原则

自动化配置原则：主干线方面，线路首端（3 号杆及之前）安装远传型故障指示器，第一个分段开关须为智能开关（时间电压＋保护后加速），其他分段开关处可安装智能开关（时间电压＋保护后加速），剩余分段开关处应安装远传型故障指示器，联络开关须安装智能开关（为线损计算提供电量数据），通信方式采用无线。

对与主干线相连分支线的配电变压器数量大于 3 台或容量大于 1000kVA 或长度大于 1km 的分支线，须在分支线首端（原则上在 1 号杆）安装智能开关（保护＋重合闸），分支线中其他开关处应安装远传型故障指示器。

三、配电自动化系统建设方案

1. 制订建设方案

围绕公司架空网及电缆网配电自动化覆盖率目标，根据公司“十三五”配电网发展规划，单位依据实际情况制订“十三五”配电自动化建设实施方案，明确分年度建设任务，并将任务逐年纳入项目计划，制订进度计划，对项目的每项任务的关键时间点（开始时间、结束时间）做出详细规划，明确各项任务的工作内容和任务之间的相关性，有序推进公司配电自动化建设。

2. 建设原则

《国网运检部关于做好“十三五”配电自动化建设应用工作的通知》（运检三〔2017〕6 号）对配电网新建和改造工程的配电自动化建设应用提出了不同的要求，在实际工程计划制订时，应有所考虑：

（1）增量配电网同步实施配电自动化。对于新建配电线路和开关等设备，按照配电自动化规划，结合配电网建设改造项目同步实施配电自动化建设。

对于电缆线路中新安装的开关站、环网箱等配电设备，按照“三遥”标准同步配置终端设备；对于架空线路，根据线路所处区域的终端和通信建设模式，选择“三遥”或“二遥”终端设备，确保一步到位，避免重复建设。

（2）既有配电网开展差异化改造。对于既有配电线路，根据供电区域、目标网架和供电可靠性的差异，匹配不同的终端和通信建设模式开展建设改造。电缆线路选择关键的开关站、环网箱进行改造，杜绝片面追求“全三遥”造成的一次设备大拆大建；架空线路配电自动化改造，以新增“三遥”或“二遥”成套化开关为主，原有开关原则上不拆除，用于实现架空线路多分段。

3. 建设任务安排

在明确年度自动化建设任务目标，并制订任务项目表后，需对工作任务进行安排，以决定如何依次开展工程任务。建设任务安排一般需考虑如下因素：

（1）优先安排重点工作，持续时间长、技术复杂、难度大的关键工作，需提前考虑，重点攻克；

（2）根据年度计划中各工程任务的相互关系，确定各任务的必要先后次序；

（3）考虑到环境、气候、配电网建设及改造工程、停电计划、意外情况等因素对工期的影响，合理计划工程开始和结束时间；

（4）考虑建设成本和实现目标之间的平衡，选择恰当的建设和改造方案；

（5）确定必要的限制和约束，限制某些工作一定要在某些时限内完成，合理的里程碑时刻表有助于工程的高效进行；

（6）必要时可进行项目的调整，以应对计划外的突发状况。

第二节　新建配电自动化系统站点

本节主要从工作安排原则和工作内容两个方面介绍了在有新的站点需要接入配电自动化系统时该如何安排和实施工作。

一、新建站点安排原则

按照国家电网有限公司规定，增量配电网必须同步实施配电自动化，增量配电网可分为开关站/环网室新建和室内开关柜新增，新建工程一般为停电工程，安排时一般需考虑如下几点：

（1）新建环网室工程安排需考虑到土木工程建设，合理安排工程时间。

（2）新增开关柜时，涉及环网室母线需进行停电，此时可同步安排停电母线上开关柜的“三遥”改造，计划时需保留一定的时间裕度。

（3）用户新建配电站也需同步实施配电自动化，需将送电时间纳入计划考虑，把好质量关。

（4）充分考虑主站图模数据更新时间，因现在需确保现场、PMS、主站图模数据完全一致方可投入自动化功能，因此在新建工程尤其是新增开关柜工程时，需同步开展图模数据更新工作，必要时可提前依据 CAD 图纸开展图模数据更新工作。

二、新建站点工作内容

对于新建配电线路和开关等设备，配电自动化系统建设随同配电网建设改造项目一起推进，因此按照工程进度划分，大致可将新建工程分为四个阶段：配电网设备新建、自动化功能接入、主站图模数据更新、功能调试及验收。具体流程如图 6-1 所示。

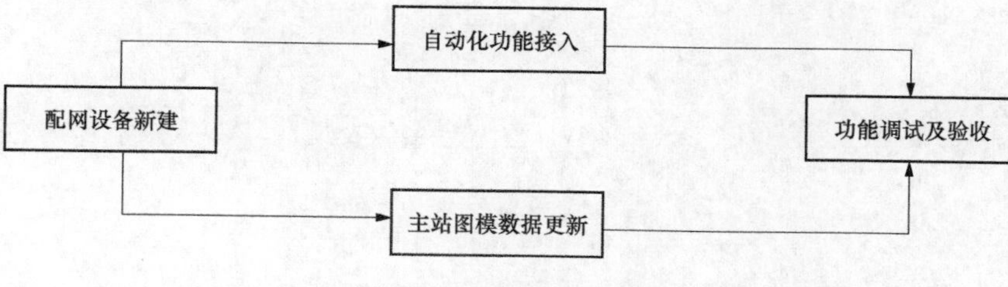

图 6-1　新建工程流程图

1. 配电网设备新建

配电网设备新增分为两类：新建环网室和旧有环网室新增环网箱，工程一般为停电工程，包括一次设备安装，通信部分建设，新增 TV 柜及 DTU 屏基础制作，电缆管线孔洞开挖及其他建设工作。前者还涉及开关站站房土建工作，工作量较大，但因通常不涉及用户停电时间，工程安排较灵活。后者一般为用户接入、增容、网架改造等，往往会涉及用户停电或送电时间，工期安排较为紧张。配电网一次设备就位后，方可进行配电自动化功能接入。

2. 自动化功能接入

自动化功能接入工作就是新布设配电自动化终端，为新建设备接入二次设备，实现新建设备的自动化“三遥”功能。主要工作内容环网柜二次安装、TA 安装、DTU 屏二次接线安装、DTU 设置，工作量相对设备新建部分较少，最少 1～2 天可完成一个站的工作内容。

3. 主站图模数据更新

按照公司要求，为确保配电自动化系统与 PMS2.0 图形拓扑保持一致，主站数据更新数据现需依据 PMS 导出数据，即需先完成 PMS 数据修改和校验，主站方可导入数据，进行下一步工作。

PMS 数据更新流程为：新建工程修改流程；新建开关站、新建设备；创建对应馈线分支；大馈线校验；生成必须的单线图、站室图、站间联络图、区域系统图。

（1）新建工程修改流程。PMS 数据修改需在对应工作流程里修改，流程主要信息需包含工程名称、工程造成的网架变动内容、涉及的配电网线路等信息，如图 6-2 所示。

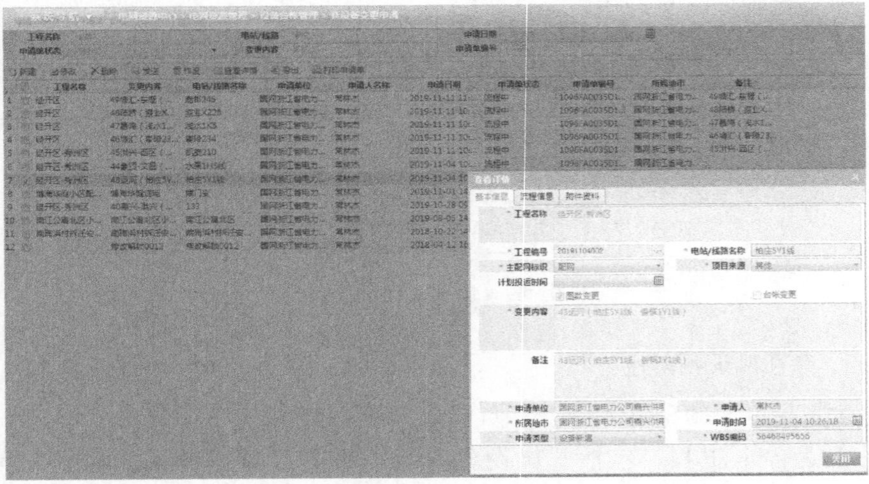

图 6-2　新建工程修改流程图

（2）新建开关站/新建设备。当点击空白区域选择新建时，可选择新建开关站、配电站、箱式变压器、电缆段等内容，如图 6-3 所示。

当点击环网室室内时，选择新建，即可创建室内设备（如母线、负荷开关、配电变压器、电压互感器、避雷器等），如图 6-4 所示。

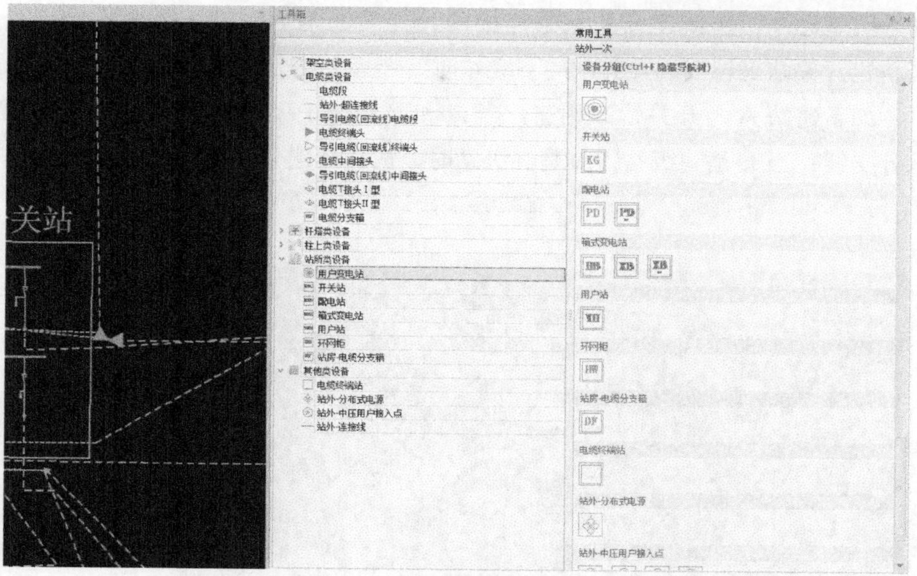

图 6-3　新建界面一

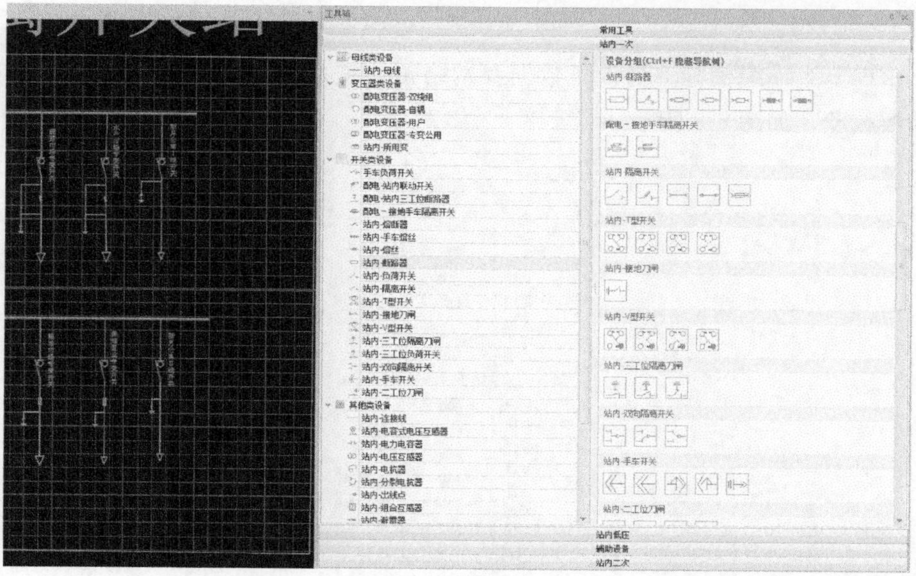

图 6-4　新建界面二

（3）创建馈线分支。当创建好新环网室或新设备后，需创建其与现有系统的拓扑关系。选择系统管理/创建分支线，选择新建环网室母线和与其相连的环网室母线，当新建开关站是连接的开关站的延伸时，选择继承分支线；当新建开关站是连接的开关站的下级站时，选择创建分支线。

如新建站 A 与开关站 B 相连，当 A 和 B 同是一级站或二级站时，选择继承分支线；当 B 是一级站，A 是二级站时，选择新建分支线，如图 6-5 所示。

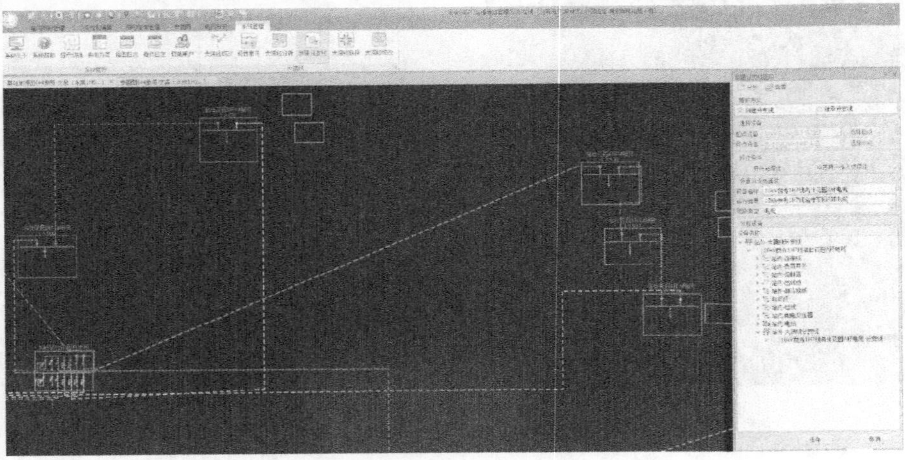

图 6-5　创建馈线分支

（4）大馈线校验。当设备数据及网络拓扑关系均修改完成后，需进行大馈线校验，如图 6-6 所示。

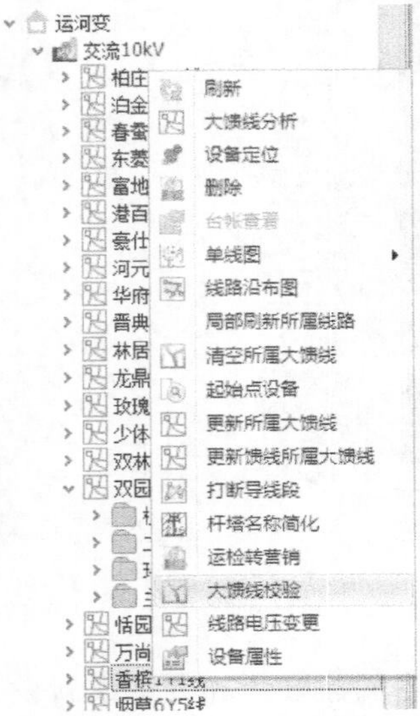

图 6-6　大馈线校验

当一切正确时，数据校验结果如图 6-7 所示。

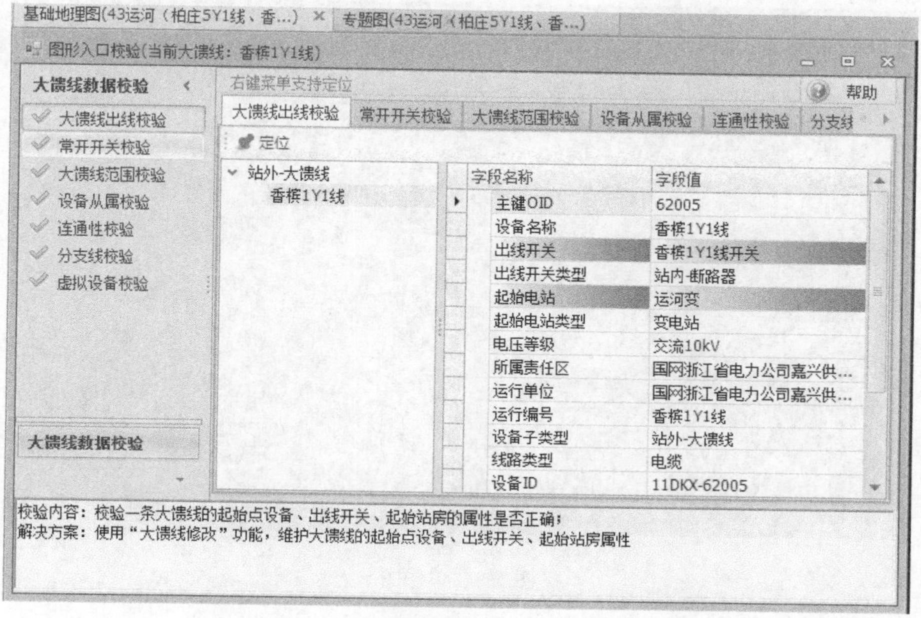

图 6-7　正确结果

如设备属性错误、设备状态设置错误或线路未联通，则会出现图 6-8 所示的结果，在界面上出现黄色三角形错误提示，点击对应线路，可按照界面下方提示寻找可能存在的错误并修改。

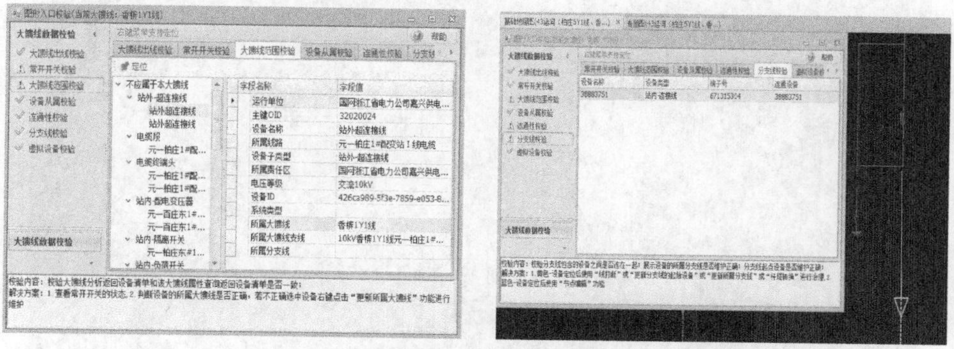

图 6-8　错误图

（5）提交需求数据。当大馈线校验无误，验明 PMS 数据正确，即可按需求提交单线图（见图 6-9）、站室图、站间联络图、区域系统图。

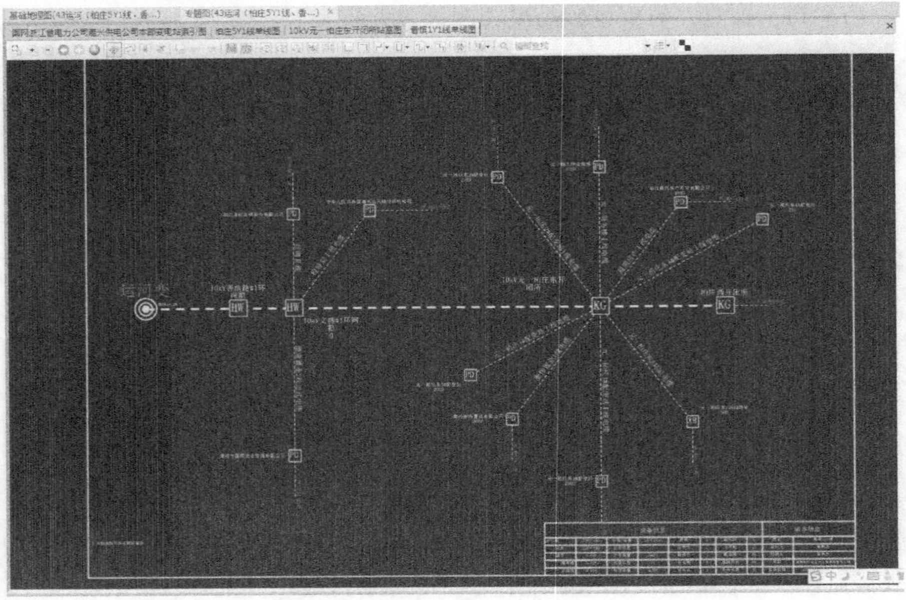

图 6-9　单线图

其中，当变电站间联络关系发生变化时，需提交站间联络图（见图 6-10）；当涉及主干线变动时，需提交区域系统图（见图 6-11）。

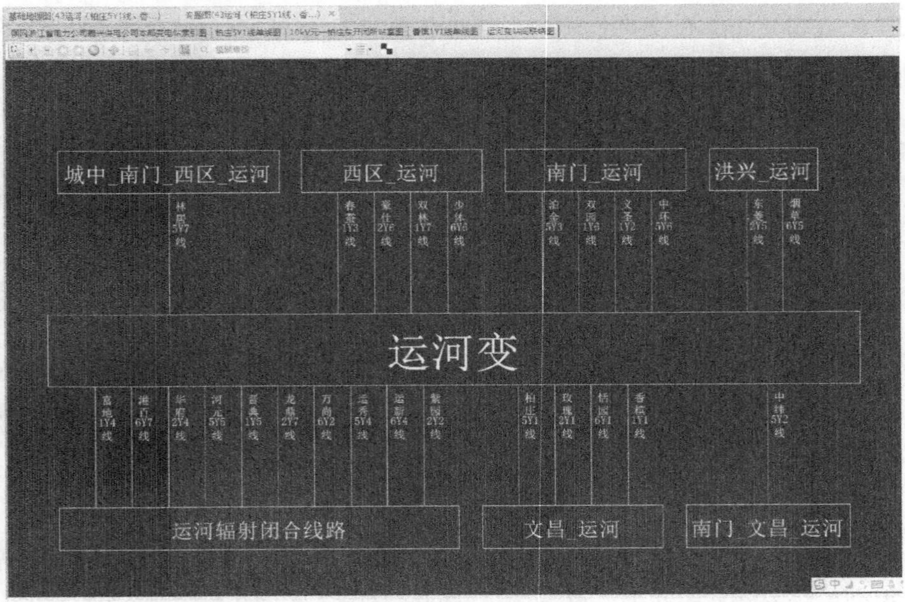

图 6-10　站间联络图

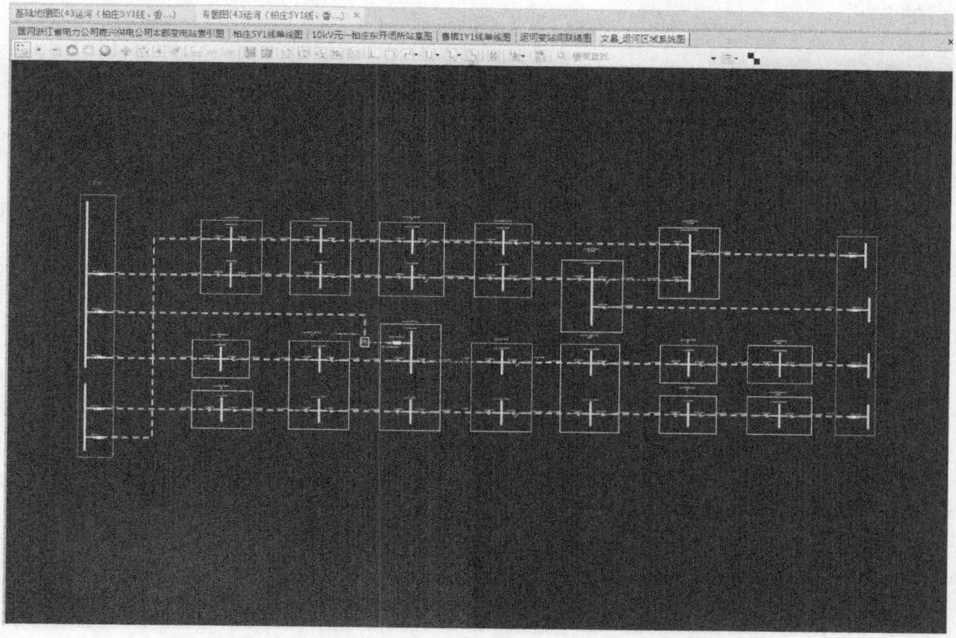

图 6-11　区域系统图

完成 PMS 数据更新后，仍需现场提供自动化信息表，包括现场开关间隔示意图、遥信信息表、遥测信息表、遥控信息表。

开关间隔示意图需展示现场开关间隔布置及 TA 变比情况，示例如图 6-12 所示。

站点名称		解放路 3 号环网箱（239）						
柜号		G1	G2	G3	G4	G5	G6	G7
线路名称		解放路 23911 进线	解放路 23912 进线	备用	备用	备用	压变柜	备用
TA 变比	测量绕组	600/5	600/5	—	—	—	—	—
	保护绕组	600/5	600/5	—	—	—	—	—

图 6-12　开关间隔示意图示例

遥信信息表体现的是不同遥信点位对应的现场情况。表 6-1 为结合现场情况给出的示例。表中序号即为遥控信号的点号，信息描述表示各个点号所代表的含义。

表 6-1　　　　遥信点位表

序号	间隔名称	信息描述
1	DTU	事故总信号
2		Ⅰ段母线欠压告警
3		Ⅱ段母线欠压告警
4		Ⅰ段母线过压告警
5		Ⅱ段母线过压告警
6		装置远方信号
7		装置就地信号
8		交流输入失电（只能取切换后的一路）
9		电池欠压告警
10		电源故障告警
11		电池活化状态
12		备用
13		备用
14		备用
15		备用
16		备用
17		备用
18		备用
19		备用
20		备用
21	1 号进线（如：解放路 23911）	解放路 23911 合位
22		解放路 23911 分位
23		解放路 23911 远方/就地
24		解放路 23911 接地闸刀
25		解放路 23911 未储能
26		解放路 23911 过流故障
27		解放路 23911 接地故障
28		备用
29		备用
30		解放路 23911 电缆过热
……	…	…

续表

序号	间隔名称	信息描述
41	1号出线（××线）	1号出线合位
42		1号出线分位
43		1号出线远方/就地
44		1号出线接地闸刀
45		1号出线未储能
46		1号出线过流故障
47		1号出线接地故障
48		备用
49		备用
50		1号出线电缆过热
…	…	…

遥测信息表体现的是遥测信息点位与现场实际的对应关系。表6-2为某一开关站遥测信息表示例。表中序号即为遥控信号的点号，信息描述表示各个点号所代表的含义。

表6-2　　遥测信息表

序号	间隔名称	信息描述
1	DTU	电池电压
2		逆变器输出电压
3		DTU-CPU温度
4		备用
5		备用
6		备用
7		备用
8		备用
9		备用
10		备用
11	1号TV	TV1-U_a
12		TV1-U_b
13		TV1-U_c
14		TV1-U_0

续表

序号	间隔名称	信息描述
15	1 号 TV	TV1-U_{ab}
16		TV1-U_{bc}
17		TV1-U_{ca}
18		备用
19		备用
20		备用
21	1 号进线（如：解放路 23911）	解放路 23911 电流－I_a(600/5)
22		解放路 23911 电流－I_b(600/5)
23		解放路 23911 电流－I_c(600/5)
24		解放路 23911 零序电流－I_0(100/5)
25		解放路 23911－cos
26		解放路 23911 有功－P
27		解放路 23911 无功－Q
28		解放路 23911 电缆测温
29		备用
30		备用
…	…	…
41	1 号出线（××线）	1 号出线电流－I_a
42		1 号出线电流－I_b
43		1 号出线电流－I_c
44		1 号出线零序电流－I_0
45		1 号出线－cos
46		1 号出线有功－P
47		1 号出线无功－Q
48		1 号出线电缆测温
49		备用
50		备用
…	…	…

遥控信息表体现的是遥控点位与现场开关间隔的对应关系，见表 6-3，某一开关站遥控信息表中序号即为遥控信号的点号，信息描述表示各个点号所代表的含义。

表 6-3　　遥控信息表

序号	间隔名称	信息描述
1	DTU	信号总复归
2		遥控电池活化启动/退出
3		遥控电池退出
4		备用
5		备用
6	1号进线（如：解放路23911）	解放路23911开关分闸/合闸
…	…	…

经过PMS网络拓扑数据更新和现场自动化信息表提供，主站方可完成数据更新，以进行下一步功能。

4. 功能调试及验收

在主站数据更新完善后，即可按需求，在现场进行配电自动化功能联调，调试过程中，主站工作人员与现场调试人员分别在各自参数表上签名并记录核对时间，摘录核对数据、对方人员姓名等信息，双方共同确认完成参数表的所有内容核对后，方可确认新建设备的遥信、遥测、遥控功能正常，一般工作时长为0.5～1d。

调试工作完成后，自动化运维班组人员对现场施工情况进行检查验收工作，依据验收单内容逐项检查确认符合工程安全技术规范，最终签署验收单，确认该站点工作顺利完成。

第三节　改造站点配电自动化系统工作

本节主要介绍在实施配电自动化改造工程过程中与主站侧相关的工作内容及工期安排。

一、改造工程安排原则

改造工程中现有开关设备接入配电自动化主站系统通常遵循以下几点：

（1）为减少停电时间，通常安排为带电“二遥”改造，当后续有新增开关柜或更换开关柜等需停电的工作计划时，再同步进行“三遥”改造；

（2）在安排改造工程时，优先安排馈线网架较简单的线路，如纯单环网、纯双环网，复杂线路如T形、多级环网，等待后续配电网网架改造时再进行施工；

（3）在进行自动化改造时，同步进行PMS数据校验。

相较新建工程，因不涉及土木和一次设备建设，带电“二遥”改造一般只进行二次接线工作，工作量相对较小，在人员和设备到位的情况下，通常一个环网室或开关站改造时间为1～2d；停电“三遥”改造时，如现场设备不具备电动操作功能时，需安装电动操作机构和辅助节点，工作量较大，一般一个环网室或开关站改造时间为5d左右。

二、改造工程工作内容

按照工程进度，改造工程大致可分为一次设备、DTU屏柜及通信功能到位，自动化功能接入，主站图模数据更新，功能验收及调试四个阶段。

1. 一次设备、DTU屏柜及通信功能到位

进行自动化改造工作前，需先完成DTU屏柜设立及通信网络建设，确保现场DTU通信畅通，必要土木工作（如电缆管线孔洞）完成，一般不安排停电计划，工作时间较为灵活，只需安排好必要时间节点及任务目标，计划内容可灵活调整。

2. 自动化功能接入

自动化接入分为带电“二遥”功能接入和停电“三遥”功能接入。

当一次设备具备接入条件时，只需要进行二次电缆铺设及接线，工作量相对较小，一个环网室的工作一般在一至两天内完成。

当一次设备不具备接入条件，需要进行电动操作等功能改造时，需停电进行工作，工作量较大，完成时间视工作量情况在5～10d左右，安排计划时需充分考虑停、送电计划，提高工作效率，留好时间裕度，确保不影响正常设备运行计划。

3. 主站图模数据更新

为确保现场、PMS与主站图模数据一致，需同步（必要时提前）进行图模数据更新工作。PMS依据现场一次设备到位后现场照片或CAD图纸，校验开关间隔顺序、名称、开关类型、TA型号等数据，完成后提交图模数据导入至5200系统，流程与新建工程图模数据更新流程一致，且更为简单。

4. 功能调试及验收

完成配电自动化改造后，进行配电自动化功能联调，调试过程中，主站

工作人员与现场调试人员分别在各自参数表上签名并记录核对时间，摘录核对数据、对方人员姓名等信息，双方共同确认完成参数表的所有内容核对后，方可确认新建设备的遥信、遥测、遥控功能正常。

调试工作完成后，需依据改造情况进行“二遥”或“三遥”功能验收，依据验收单内容逐项检查确认符合工程安全技术规范，最终签署验收单，确认工程正确完成，无错漏现象。调试验收工作时间视工程完成质量而定，一般能在 1d 内完成。

第七章

配电自动化工程施工

配电自动化改造施工前需编制“三措一案”，并在施工过程中严格执行。本章从“三措一案”的编制入手，阐述了配电自动化施工现场管理及安全注意事项，并对配电自动化施工相关的要点进行讲解。通过学习，可帮助掌握户内开关（环网）配电自动化终端、架空线路配电自动化开关及故障指示器等的施工过程及施工工艺。

第一节　“三措一案”的编制及执行

配电自动化“三措一案”是指导配电自动化工程施工的重要文件，是高质量的组织进行文明施工安全生产的必要条件。“三措一案”中的“三措”指组织措施、安全措施、技术措施，“一案”指施工作业方案。

一、“三措一案”的编制

配电自动化“三措一案”的编制应认真细致的考虑施工现场条件、设计资料、工期安排、工程质量等因素，使得“三措一案”是切实可行的，满足预定计划要求的。配电自动化施工单位的施工负责人应组织“三措一案”的编制及审核，由工区领导或单位领导批准，根据配电自动化现场勘察情况，认真编制，确保各项措施正确完备。

“三措一案”应包括以下内容：①工程概况；②编制依据；③组织措施；④安全措施；⑤技术措施；⑥施工方案；⑦文明生产及注意事项等。

工程概况是对本配电自动化项目有关内容的简单说明，应包含以下内容：工程名称性质，工作地点，施工、设计单位，工作任务及具体分项内容，工程计划工作时间等。

编制依据通常包含如下两个内容：一是方案依据性文件，如项目可研批复文件、工程设计委托函、与工程相关的文件等名称、文号；二是工程主要设计标准、规程规范，如《国家电网电公司配电网工程典型设计》、GB 50052《供配电系统设计规范》、GB 50171《电气装置安装工程盘、柜二次回路结线施工及验收规范》等。

组织措施指的是配电自动化施工的人员管理组成情况，明确各工作岗位的工作内容和工作责任，确保项目人员各司其职，各担其责。根据工程性质明确下列人员和相应职责：

（1）工程负责人（项目经理）：负责组织配电自动化工程施工及施工安全管理。

（2）工程技术负责人：负责配电自动化工程施工技术问题，及时处理或协调影响施工质量、安全等技术问题。

（3）施工现场工作负责人：负责配电自动化施工现场的工作协调及保证工程进度和安全、质量。

（4）施工安全负责人：负责配电自动化施工现场的安全管理。

（5）施工人员：对其所承担的配电自动化施工项目质量、安全负直接责任。

安全措施包括配电自动化工作中的停电范围和应采取的安全措施、必须严格执行的《电力安全工作规程》重点条款以及危险点分析及预控。以 DTU 安装施工为例，配电自动化改造中常见的安全措施有：

（1）在工作地点装设围栏，挂好各标识牌（在此工作、止步高压危险等）。

（2）停电作业需拉开的开关，需断开的电源回路。

（3）电流互感器严禁开路，短接电流回路必须使用专用的短接片或短路线。

（4）电压互感器严禁短路，接线时需确认回路是否存在短路情况。

（5）DTU 柜、开关柜电缆（光缆）穿孔应堵死。

（6）认真执行二次工作安全措施票。

（7）正确使用电动工器具。

（8）电焊、气割使用应做好防火和消防工作等。

(9) 对于架空线路工作需填写带电作业安全措施、登高作业安全措施等。

施工过程中的危险点分析和预控措施。为确保生产过程中的人员和设备安全，针对配电自动化施工过程中的危险因素进行分析，从人、机、料、法、环等方面，尽可能全面的找出潜在的危险点，制订相应的预控措施并实施。以DTU改造为例，工作中危险点及防范措施见表7-1。

表7-1　　DTU改造工作中危险点及防范措施

序号	危险点	防范措施
1	进入工作现场，不戴安全帽或安全帽戴得不正确、着装不规范	进入工作现场，安全帽必须正确戴好，工作时，必须穿工作服、绝缘鞋
2	控制回路规范	搭接遥控回路时必须断开控制回路总电源，禁止带控制电源进行搭接线缆
3	电流开路	在接入电流时，电流未进行短接，必须进行电流短接后才可实施工作
4	使用的电源板接线柱、开关及插座等裸露	电源板上的接线柱、开关、插座及触电保安器等必须完好，严禁裸露，平时必须定期维护
5	试验人员试验接线错误、使用仪器仪表不当，操作不正确、不规范	试验前必须认真检查接线、表计倍率、量程、调压器零位及仪表开始状态；试验中应集中精力，谨慎操作
6	误接线	正确接线，并由工作负责人检查
7	试验设备外壳不接地	试验设备外壳必须接地
8	低压触电	移动电动工器具电源线，使用前应检查有无破损；电焊工具完好，不准戴湿手套工作

技术措施主要包括三个方面，分别是：配电自动化施工中的注意事项；配电自动化各工序施工技术上应注意的事项和质量管理点；配电自动化施工应遵循的技术标准、规程、施工工艺规范和技术要求。

以DTU安装施工为例，常见的技术措施有：施工前需检查设备是否符合设计要求；屏柜就位后需检查屏柜水平度是否符合要求；二次电缆需做好吊牌，防止插错间隔；电流互感器二次侧需短接，严防开路；做好现场设备封堵等。

施工方案作为“三措一案”的重要内容，应包含的内容有：配电自动化施工前应做的准备工作（工器具、仪品仪表、材料备品具体型号、规格、数量等）；施工工期及进度安排；作业流程；各施工工序的施工具体方案。

文明生产及注意事项也是“三措一案”中必不可少的内容，主要有：遵守文明施工，减少施工带来的不良环境影响；在施工过程中，对施工现场环境进行控制，施工现场必须保持“三齐”“三不乱”，做好施工器具及材料的定置定放，做到“工完、料尽、场地清”，将配电自动化现场垃圾余料清理干净；施工现场保持整洁、照明充足、空气畅通，应注意降低施工噪声，未经批准不准夜间施工，造成扰民；员工进入工作场所应戴安全帽，身穿工作服，安全施工，防止应急情况和意外事故的发生。施工方案案例，见附录B。

二、“三措一案”的现场执行

配电自动化施工单位必须在开工前，将批准后的“三措一案”打印分发到施工班组和相关人员。施工现场必须保存有批准后的“三措一案”，以便现场参考使用、待查，施工结束后由施工单位存档。

在进入配电自动化施工现场作业前，工程负责人必须组织所有施工人员认真学习和领会该“三措一案”，并选学《电力安全工作规程》的有关重点条款。配电自动化工程开工前，工程负责人要组织全体施工人员进行施工现场的安全技术交底会，对“三措一案”内容以及选学的《电力安全工作规程》的有关重点条款进行考问，并按“三措一案”的要求具体组织落实；参加安全技术交底的全体人员在对交代的所有内容明确无误并无异议后，在工作票或施工票上签名。

配电自动化施工单位要妥善处理好安全与进度、效益、优质服务等之间的关系。遇有工程工期紧、任务重的情况，要合理组织施工力量，切实将“三措一案”中的要求真正落实到实际施工中，切忌将“三措一案”作为应付上级检查的摆设，以确保自身施工作业现场的安全有序。

配电自动化组织措施内列出的所有人员有责任互相监督“三措一案”的执行情况。现场安全监督员（监护人）及以上管理人员应重点督促所有人员落实“三措一案”。各级领导和有关管理部门要落实安全生产责任制内的各自责任，加大对工程施工现场的监控力度，重点监督“三措一案”的现场实际执行，以规范施工作业人员的行为，确保“三措一案”落实到位，防止发生各类事故。

第二节　施工现场管理及安全注意事项

本节主要从配电自动化施工现场管理及安全注意事项两方面进行介绍，帮助学员掌握配电网自动化新建及改造施工过程中应采取的安全措施，确保人身和设备安全。

一、施工现场管理

配电自动化工作施工安全目标：不发生触电事故（包括感应电）；不发生高空摔跌；不发生试验过程中损坏仪器仪表及被试设备；不发生误碰、误整定、误接线；不发生设备误动作事件；不发生施工过程中人为损坏设备，做到无违章、无差错，控制未遂和异常，不发生轻伤和障碍。

配电自动化施工期间必须坚持“安全第一、预防为主”的方针，认真执行电力安全规章和安全生产责任制。工程负责人应组织好班前会，布置工作任务，进行施工现场的安全技术交底，对工程施工“三措一案”内容确保各项安全措施的落实，并做好施工期间安全台账记录。

配电自动化施工前应填写工作票及继电保护工作安全措施票，涉及动火工作的应使用动火工作票，所填工作票均需符合安规及相应的安全规章制度要求、所列安全措施应正确完备。

工作负责人在工作前必须会同工作许可人检查现场所做的安全措施正确完备后，方可在工作票上签名。做好现场站班会工作，向工作班人员交代工作内容、安全措施及安全注意事项，并确认每个工作班人员均已知晓。

工作班人员工作前，必须核对工作设备的双重命名，必须检查工作设备所做的安全措施是否正确完善。工作中不得随意变更现场安全措施。特殊情况下需要变更安全措施时，必须征得工作许可人的同意，工作完成后及时恢复原安全措施。

工作负责人应始终在工作现场，对工作班人员的安全进行监护，及时纠正不安全的动作。如工作负责人因故必须离开工作现场时，应临时指定工作负责人，并通知全体工作人员及工作许可人。

加强现场工作票、施工作业票、动火工作票、外来人员教育卡的执行管理，杜绝习惯性违章，并做好书面记录。复杂危险工作应设专人监护，专责监护人应自始至终不间断地进行监护，在执行监护时，不应兼做其他工作但在下列情况下监护人可参加班级的工作。

加强民工、外来人员的安全教育，临时施工人员及厂家服务人员随工作班进入现场正式开展工作前，需先学习施工方案，工作负责人应根据现场实际向其交代安全措施、带电部位、危险点和安全注意事项，并履行工作票手续。厂家服务人员应穿着规范，禁止穿短袖进入现场，工作前需填写《厂家人员现场安全教育卡》，经本人签字确认并考试合格后，方能允许随同工作班参加指定的工作，且不得单独工作。

进入施工现场的全体人员必须按规定正确佩戴安全帽，穿好工作服、绝缘鞋。现场使用的个人劳保用品（安全帽、安全带等）在每次使用前，必须检查是否在有效期内，使用前还应做外观检查发现有破损、磨损等情况应停止使用。安全帽使用时，必须规范使用，使用时扣紧安全帽保护带，防止工作中因没有扣紧安全帽保护带，造成安全帽失去保护作用。

施工期间若发生重大安全、质量或其他类型问题应及时向上级汇报，以便及时处理。

二、安全注意事项

在施工时，应认真落实各项安全注意事项，并针对危险点做好安全预控措施，具体安全注意事项的内容有：

（1）现场安全监督员、专责监护人等必须加强监护，施工人员作业必须与带电设备保持足够的安全距离，切勿跑错间隔。

（2）认清设备位置，严防误碰其他运行设备。

（3）在带电的二次回路上工作时，严防短路或接地。应使用带绝缘把手的工具，必须站在绝缘垫上，戴手套。短路电流回路必须使用短路片或短路线，严禁用导线缠绕，在工作前要认真检查短路线，不得有断开或虚焊现象。

（4）临时用工作为使用班组的成员，在工作负责人的监护下，从事辅助工作，严禁直接从事检修专业工作。外协人员和临时工必须参加使用班组开工前的站班会，接受现场安全措施、停电范围、作业危险点及预控措施、工作任务和其他安全注意事项等交代，清楚后在站班会上签名，方可在监护下从事相应的工作。

（5）严格执行有关的监控系统检验规程、规定和技术标准。二次屏柜电缆穿孔应堵死，工作间断应采取临时措施将孔洞堵死，应有防止遥控回路误动的安全措施。认清设备位置，严防误碰其他运行设备。

（6）认真执行安全措施票，对工作中需要断开的回路和拆开的线头应在与监护人核对后，逐个拆开并用绝缘物包好，做好标志，恢复时履行同样的手续，逐个打开绝缘物后接好，并做好标记，防止遗漏。电流互感器二次回路严禁开路，电压互感器二次回路严禁短路，严禁断开二次回路接地点，在做继保实验时，严防压变反送点。

(7) 加强施工现场临时电源管理，施工临时电源必须安装触电保护器、移动电器外壳必须接地，搬迁或移动用电设备必须切断电源后进行。

(8) 对危险品的使用管理、如氧气瓶、乙炔瓶等应专人保管，特别是特种作业须持证上岗，在施工现场动火作业时，应使用动火工作票，并认真履行动火工作票制度，设专人进行消防监护，并配备必要的消防器材。

(9) 做好施工期间瓷件的安全管理、开箱安装应有专人监护，凡开箱后没有立即安装的瓷件应采取措施，防止瓷件碰撞破损。

(10) 施工期间对电缆孔应采取临时封盖措施，在电缆敷设期间，电缆沟附进作业人员应谨慎小心，防止高空坠落及摔跤造成人身事故。

(11) 高空作业，构架攀登作业或施工地点离地 2M 以上者，施工人员应系安全带，上下传递物件时应使用绳索，不得抛掷，防止工具掉落造成的人员及设备伤害。

(12) 使用梯子前应认真检查，使用试验合格的梯子，严禁使用金属梯。使用的梯子应有防滑措施，使用时应有专人扶梯。

第三节　配电自动化施工要点

本节主要介绍配电自动化施工相关的要点，主要包含户内开关（环网）配电自动化终端、架空线路配电自动化开关及故障指示器安装三个部分，帮助学员快速掌握不同施工过程中工序安排及施工工艺。

一、配电自动化站所终端安装

1. 施工前检查

DTU 设备检查：检查站所终端规格、型号是否符合设计图纸要求和规定，各项配置是否达到要求。检查站所终端外观、铭牌及标志的完整性，外观应无机械损伤、变形和外观脱落，附件资料齐全。柜体应有足够的支撑强度、外观工整，前后门开启、关闭自如，箱体无腐蚀和锈蚀的痕迹，喷涂层无破损且光洁度符合标准，箱体密封良好。屏柜实物如图 7-1 所示。检查站所终端内部接线及标号标志，内部连线压接应可靠，接线端钮无缺损，标号齐全，标志清晰；接地端子上有接地标志。内部插件应插拔灵活、定位良好，印刷电路无机械损坏或变形，焊接质量良好，插接部分无接触不良现象。检查后备电源正常，电池容量符合要求，终端设备可正常开启。

图 7-1　屏柜实物图

二次电缆检查：检查二次电缆材料规格、型号符合设计要求。检查电缆外观完好无损，无机械损伤，无明显皱褶和扭曲现象。橡套及塑料电缆外皮及绝缘层无老化及裂纹。对使用航空插头的终端则要检查插头与终端是否配套，插头接线有无松动情况。

现场基础检查：施工前应认真确认站所终端的安装位置、通信设备的安装位置、控制电缆的通道、电源的获取等，基础预埋件及预留孔洞应符合设计要求。检查现场如图 7-2 所示。

图 7-2　检查现场

2. 作业前准备工作

现场施工负责人组织检查确认进入本施工范围的所有工作人员正确使用劳保用品和着装，并带领施工作业人员进入作业现场。现场施工负责人应正确、安全地组织作业，现场施工质安员负责现场作业全过程的安全规范和质量跟踪。

现场施工负责人向进入本施工范围的所有工作人员明确交代本次施工设备状态、作业内容、作业范围、进度要求、特殊项目施工要求、作业标准、安全注意事项、危险点及控制措施、危害环境的相应预防控制措施、人员分工，并签署（班组级）安全技术交底表。

工作负责人负责办理相关的工作许可手续，开工前现场应做好施工防护围蔽警示措施，夜间施工的须有足够的照明。

3. 屏柜（端子箱）安装

吊装盘柜时，应做好防磨损措施，按设备要求的位置移放盘柜；移动时，用钢管垫在底盘滚动前进。柜体安装位置符合设计图纸要求，牢固可靠，可方便扩展，其排列与其他屏柜排列整齐划一。对柜体接地进行检查，接地应牢固良好。装有电器的可开的门，应以裸铜软线与接地的金属构架可靠地连接。终端按安装形式有壁挂式和柜式两种。采用壁挂式安装时，墙体应牢靠、无腐蚀或渗漏等情况，箱体用膨胀螺栓直接固定在墙体上并采用角铁支撑。安装垂直、牢固；支撑角铁安装时须保持水平，受力均匀；箱体安装垂直，水平误差不大于 2mm；安装高度应符合设计要求。采用柜式安装时，型钢基础应稳固、接地良好；箱（柜）内各部件应固定牢固，根据设计图确定柜的位置；柜体用螺栓固定，紧固螺栓完好、齐全，表面有镀锌处理；柜体安装应垂直。

屏柜就位后，安装调整盘柜，使其垂直度、水平偏差以及盘柜面偏差和盘柜间接缝的允许偏差应符合表 7-2 规定。

表 7-2　盘柜允许偏差

项目		允许偏差（mm）
垂直度（每米）		<1.5
水平偏差	相邻两盘顶部	<2
	成列盘顶部	<5
盘柜面偏差	相邻两盘边	<1
	成列盘面	<5
盘柜间接缝		<2

箱体和终端设备接地应良好，应配置接地铜排，内部设备的接地须汇总至接地铜排并连接到接地网上。必须根据统一格式对柜体进行标识，应使用

白底红字的标签纸，标识应包含：终端安装所在设备名称、终端 IP、终端 ID、设备厂家及类型等信息，标签纸贴于箱门内、外侧，并检查是否与安装现场地址相符。状态指示灯标识、二次接线端子图标识齐全且要求张贴于明显位置（开关名称、把手标示双重编号）。

4. 一次设备改造

在配电自动化改造过程中，由于部分站点开关设备不满足配电自动化建设条件，需对一次设备进行改造。主要涉及部分站所加装或更换电操机构、更换环网柜气压表、更换或加装 TA、更换电压互感器、加装电缆故障指示器。

电动操作机构安装时，要先检查电动操作机构型号、驱动电压和现场开关柜型号、配电自动化终端匹配。根据开关柜电动操作机构装配图纸，正确、牢固装配电动操作机构及进行二次控制回路配线。装配完成后，手动分合开关，验证开关动作准确分合到位。在接线过程中要严格按照二次回路图，把相关控制、电源电缆与配电自动化终端连接。最后，按照试验要求试验电动操动机构远控、就地动作的准确性以及闭锁功能。

电流互感器安装时，要严格按照设计图纸安装电流互感器以及接线，电流互感器应安装牢固、接线紧固，零序电流互感器铁芯与其他导磁体之间不构成闭合回路。卡式电流互感器应卡接紧密，无缝隙，无错位，电流互感器外壳地线应在开关柜内可靠接地。电缆终端接地引线需从电流互感器内穿过时，应进行绝缘处理，加装热缩管或缠绕绝缘带。三芯电力电缆终端处的金属护层必须接地良好；电缆接地点在互感器以下时，接地线应直接接地（如图 7-3 所示）；接地点在互感器以上时，接地线应穿过互感器接地（如图 7-4 所示）。

对于电流互感器，保护二次绕组和测量绕组应通过试验分开，严防接错，一、二次侧的极性应正确接线，需做电流互感器极性试验，确保三相电流互感器极性一致。电流互感器二次侧严禁开路，二次连片和短接片应正确、紧固，二次回路标签清晰。另外，电流互感器二次侧接线应正确引至开关（环网）柜端子排，并连接牢固，电流互感器二次回路采用电缆芯截面 $\geqslant 2.5mm^2$。电流互感器的每组二次回路应有且只有一个接地点，要求在终端箱处进行接地，接地牢固可靠，接地线采用截面积不小于 $4mm^2$ 的黄绿多股软

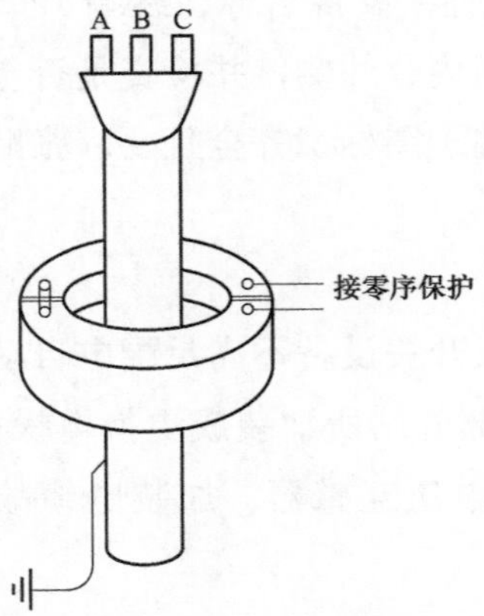

图 7-3　电缆接地点在互感器以下接线方式

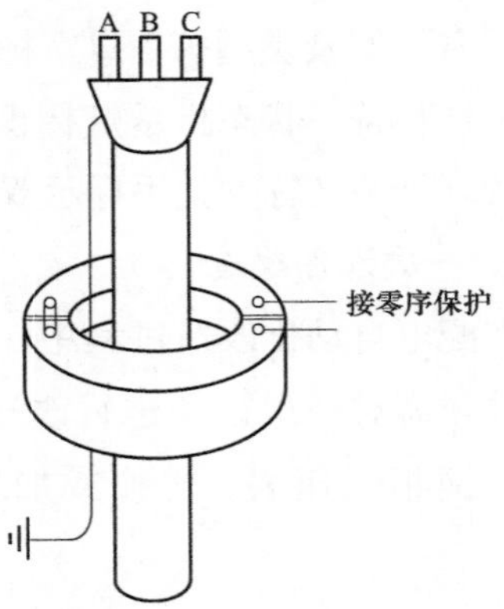

图 7-4　电缆接地点在互感器以上接线方式

线，接线端必须进行压接。电流互感器安装完毕，应量取回路电阻，确保无开路和寄生回路存在，核对各回路各相 TA 与终端间的接线准确无误。

电压互感器安装时，应严格按照设计图纸安装电压互感器以及接线。电压互感器在投入运行前要按照规程规定的项目进行试验检查。接在电压互感器二次侧负荷的容量应合适，不应超过其额定容量。因为电压互感器二次侧不允许短路。电压互感器可以在二次侧装设熔断器以保护其自身不因二次侧短路而损坏。在可能的情况下，一次侧应装设熔断器以保护高压电网不因互感器高压绕组或引线故障危及一次系统的安全。此外，为确保人在接触测量仪表和二次回路时的安全，电压互感器二次绕组必须有一点接地。

电缆故障指示器安装时，故障指示器的卡环应牢固卡住电缆，且接线应正确引至开关（环网）柜端子排，并连接牢固。施工时，应保证光纤与带电部位保持足够的安全距离，光纤线插入到不可深入为止，拧紧光纤螺母后，向外拔一下，以确认光纤线已接牢，防止发生滑落。安装完毕后，应按住测试按钮进行测试，检查其显示正确。

5. 二次电缆布线

二次电缆敷设时，控制电缆按设计规范在指定通道敷设，电缆两端应整线对线，悬挂体现电缆编号、起点、终点与规格的电缆标识。敷设要求整齐、美观。电缆布置宽度应适应芯线固定及与端子排的连接。直径相近的电缆应尽可能布置在同一层。在施工中，二次电缆应分层、逐根穿入，考虑电缆的穿入顺序，尽可能使电缆在支架（层架）的引入部位。设备引入部位的二次电缆应避免交叉现象发生。对于单层布置的电缆终端高度应一致，多层布置的电缆终端高度宜一致，或从里往外逐层降低，降低高度应统一。保护用电缆、通信电缆与电力电缆不应同层敷设；电流、电压等交流电缆应与控制电缆分开，不得混用同一根电缆。布置完成后，需对电缆进行绑扎，绑扎时应采用扎带，且绑扎的高度一致、方向一致。二次电缆的绑扎应牢固，在接线后不应使端子排受机械应力。

二次电缆终端制作时缠绕应密实牢固。某一区域的电缆头制作应高度统一、样式统一。电缆开钎或熔接地线时，要防止芯线损伤。如果使用热缩管时应采用长度统一的热缩管收缩而成，电缆的直径应在热缩管的热缩范围之内。电缆头制作完毕后，要求顶部平整密实。

在电缆头制作结束后，接线前应进行芯线的整理、布置工作，如图 7-5 所示，将每根电缆的芯线单独分开，将每根芯线拉直，每根电缆的芯线宜单独成束绑扎。网格式接线方式，适用于全部单股硬线的形式，电缆芯线扎带绑扎应间距一致、适中。在芯线整理时，有三种方式，一是整体绑扎接线方式，适用于以单股硬线为主，底部电缆进线宽阔形式；二是线束的绑扎应间距一致、横平竖直，在分线束引出位置和线束的拐弯处应有绑扎措施；三是槽板接线方式，适用于以多股软线为主形式，在芯线接线位置的同一高度将芯线引出线槽，接入端子。

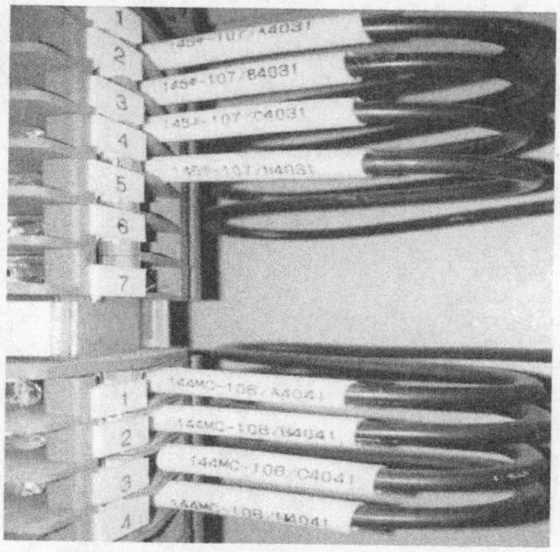

图 7-5　芯线整理、布置实物图

芯线标识应用线号机打印，应清晰完整，不能手写，对于集中式的屏柜应有单元（间隔）编号。备用芯应留有足够的余量，预留长度应统一，可以单独垂直布置，也可以同时弯曲布置，顶端应有所在电缆标识。电缆芯线的扎带间距应一致，间距要求为 150～200mm。盘柜内的电缆芯，应垂直或水平地配置，不得交叉或任意歪斜连接，芯线接线端应制作缓冲环。

在电缆头制作和芯线整理后，应按照电缆的接线顺序再次进行固定，如图 7-6（a）所示，然后挂设电缆标识牌，如图 7-6（b）所示。电缆标识牌制作应采用专用的打印机打印、塑封。电缆标识牌的型号和打印样式应统一。要求高低一致、间距一致、尺寸一致，保证标识牌挂设整齐牢固。电缆标识牌排版合理、标识齐全、字迹清晰。包括电缆号、电缆规格、本地位置、对侧位置。

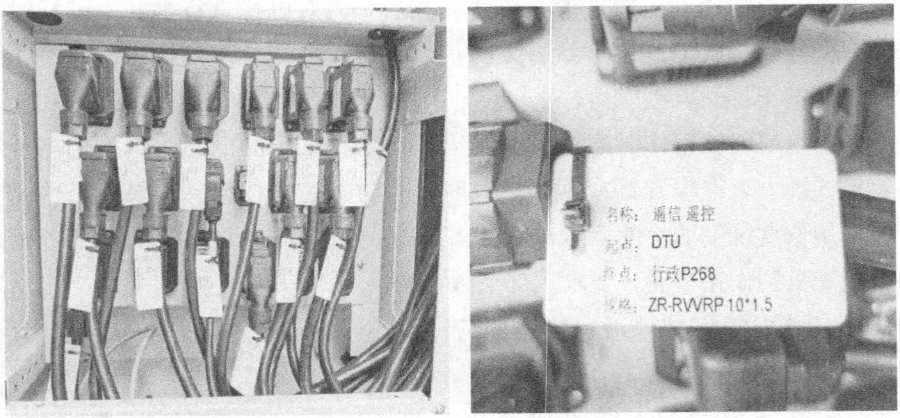

(a) 电缆固定　　(b) 电缆标识牌

图 7-6　二次电缆实物图

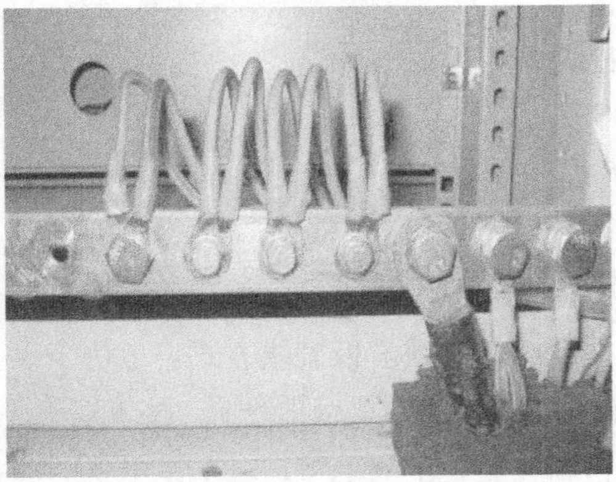

图 7-7　接地线的整理布置实物图

二次电缆布线完成后，还需进行接地线的整理布置，如图 7-7 所示。应将一侧的接地线用扎带扎好后从电缆后侧成束引出，并对采用线鼻子与接地铜牌进行连接，且线鼻子的根部进行绝缘处理，严禁将地线缠绕在接地铜牌上。零线与中性点接地线应分别敷设。单个接线端子压接接地线的数量不大于 4 根。另外，二次电缆具有铜屏蔽层，因此还需用 $4mm^2$ 多股二次软线焊接在铜屏蔽层上并引出接到保护专用接地铜排上接地。

6. 二次回路接线

二次回路的接线应严格按图施工，将接线的螺丝紧固好，盘内对厂家线的配线也应套上回路号，布置应整齐，其接线标准和要求与二次接线的要求一致；每个接线端子的每侧接线宜为 1 根，不得超过 2 根，对于插接式端子，不同的截面的两根电缆不得接在同一个端子上，对于螺栓连接的端子，当接 2 根电缆芯时，中间应加平垫。对于散股的电缆线，应使用铜鼻子压接，对于动力电缆应压接铜鼻子后再接入端子，铜鼻子与铜导线应连接牢固，导电性应良好。盘柜内的配线电流回路应采用电压不低于 500V 的铜芯绝缘导线，截面应不小于 $2.5mm^2$，其他回路截面不应小于 $1.5mm^2$，对于电子元件回路、弱电回路采用锡焊连接时，在满足载流量和电压降及有足够机械强度的情况下，可采用不小于 $0.5mm^2$ 截面的绝缘导线，配线应整齐、清晰、美观，导线芯线应无损伤。电缆芯线和所配导线的端部均应标明其回路号，编号应正确，字迹清晰不易脱色。

在二次电缆与 DTU 侧进行连接时，采用航空插头作为控制电缆连接件，航空插头连接应紧密、牢固，应保证航空插头无破损，插针无松动，绝缘电阻满足二次回路绝缘要求。

7. 屏柜封堵

若屏柜不封堵或封堵不符合要求则会导致小动物钻入屏柜内，会咬坏二次线或碰触一次设备造成设备短路、跳闸、直流接地等情况，并且也会导致雨水湿气等进入配电柜，在湿度高的时候会产生凝露，使得二次回路短路，设备误动。

屏柜封堵要求有：在孔洞、盘柜底部铺设厚度为 10mm 的防火板，在孔隙口及电缆周围采用有机堵料进行密实封堵，电缆周围的有机堵料厚度不小于 20mm；用防火包填充或无机堵料浇筑，塞满孔洞，防火包堆砌采用交叉堆砌方式，且密实牢固，不透光，外观整齐；有机堵料封堵应严密牢固，无漏光、漏风裂缝和脱漏现象，表面光洁平整；在预留孔洞的上部应采用钢板或防火板进行加固，以确保作为人行通道的安全性，如果预留的孔洞过大应采用槽钢或角钢进行加固，将孔洞缩小后方可加装防火板。

8. 终端调试

主要涉及点表、定值、通信参数，在此以科大智能生产的 DTU 为例，首先配置终端的通信地址、相关端口、加密方式等。现场需光纤通信时，需将网络参数下载，根据 IP 规划表设置网口 1 的相关 IP、网关、子网掩码即可。通信参数配置如图 7-8 所示。

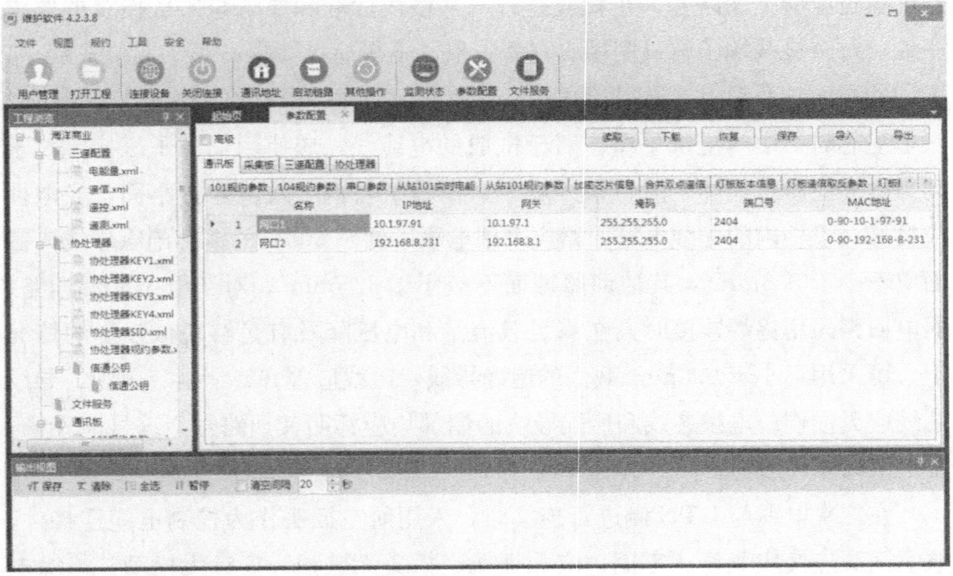

图 7-8　通信参数配置

按信息点表配置各路开关遥测、遥信和遥控量地址及开关过流、失压等故障信息量地址。“三遥”点表配置如图 7-9 所示。

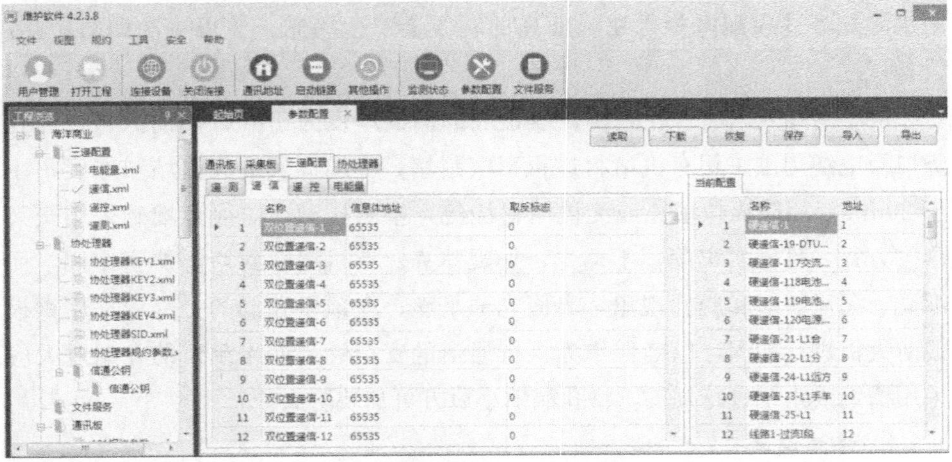

图 7-9　“三遥”点表配置

在遥测点表内，可按互感器变比配置各路开关遥测量转换关系，如图 7-10 所示，该图以第一路零序配置为例，说明不同零序 TA 变比，如何更改，当第一路零序电流为100/1，由于DTU采集电流为二次值，需给主站上送一次值，即在采集的二次值基础上通过系数放大至一次值，达到上送一次值目的。故当零序TA变比为100/1时，该路零序电流系数为100，即放大100倍。核对各遥测量地址和转换关系，用模拟设备注入电压、电流等测试信号，通常分别加入设计额定值的1/2、额定值、额定值的1.2，检查终端或调试软件的显示值是否与现场一致，记录遥测调试的项目及试验结果。

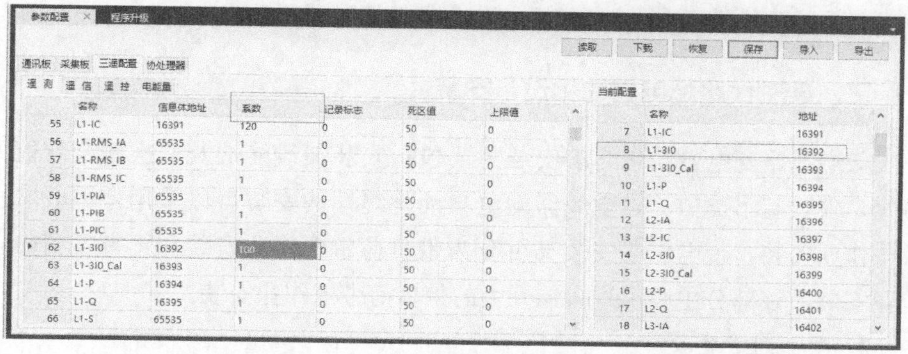

图7-10　系数配置

DTU的各间隔定值的配置需根据调度提供的定值单，将相关定值逐个修改，修改完成后鼠标右击下载，如图7-11所示。

图7-11　定值修改

在完成上述配置后，需对终端设备进行调试，调试的内容如下：

（1）核对遥信点号，进行各遥信点的分合试验，检查终端或调试软件对应遥信量变位是否与现场一致，SOE时标是否准确，记录遥信调试的项目及试验结果。

（2）核对遥控点号、遥控对象、遥信状态与现场一致，执行遥控操作，遥控中出现执行不成功，应停止调试工作，查明原因后方可继续，记录遥控调试的项目及试验结果。

（3）核对故障信息量点号，注入过流和失压信号，观察是否检测到对应故障量，记录故障报警功能调试的项目及试验结果。

（4）测试电源系统切换等功能正确、完备。

（5）试验终端远方/就地把手、分合闸按钮回路正确。

二、架空线路配电自动化设备安装

架空线路配电自动化终端安装主要包括安装馈线终端及二次融合智能开关等，安装基本类似。架空线路配电自动化终端的安装可以采用停电安装或带电作业安装，带电作业安装又可分为带负荷带电作业安装和不带负荷带电作业安装，该部分主要讲解智能开关的带负荷带电作业安装。

1. 设备到货验收

设备到货后应对每套设备的外观和配件进行详细检查：一是检查设备是否损坏，外观是否有破损等；二是检查配件是否齐全（按表 7-3 进行）。

表 7-3　　智能开关到货验收项目

序号	检查项目	检验结果	备注
1	外箱无破损，设备无机械损伤及变形现象，无破损	□正常□异常	
2	开关及终端外形应端正（极柱表层光滑平整无破皮、脏污）	□正常□异常	
3	开关及终端标贴、铭牌正确，位置正确	□正常□异常	
4	各装置应固定良好，无松动现象	□正常□异常	
5	终端 GPRS 天线应连接牢固、可靠，无松脱、折断	□正常□异常	
6	控揽表层无破皮、冷缩管套紧、有机硅胶密封	□正常□异常	
7	开关应设有可靠接地位置，并符合设计要求	□正常□异常	
8	开关分合闸手柄、储能手柄等操作应灵活，可靠	□正常□异常	
9	隔离开关连接可靠，分/合机械正常	□正常□异常	
10	配件是否齐全	□正常□异常	

2. 设备到货检测

由于智能开关无法安装后进行试验，所以必须在安装前对设备的各项功能进行测试，主要进行的是开关分合闸、保护功能、耐压、绝缘电阻及回路电阻的测试，测试通过才能安排后续的安装工作（见表7-4）。

表 7-4　　　　智能开关检测项目

智能开关到货检测表						
手动合闸				手动分闸		
远方	合闸动作	合位	储能	就地	分闸动作	分位
取电测试						
输入 5.5kV 电压，关闭后备电源查看终端是否正常闪灯						
微机保护检查						
过流/速断保护测试			接地保护测试			
过流保护分闸			接地保护分闸			
速断保护分闸			接地重合闸			
重合闸			注：接地判据两相加故障电压、一相加零序电流			
工频耐压测试						
三相对地工频耐压 33.5kV（1min）无击穿，无闪落 （注：将带短接针的盖子与控制电缆航空头锁紧）						
绝缘电阻测试						
绝缘电阻＞1GΩ（注：使用 2000V 的绝缘摇表进行测试）						
回路电阻测试						
整机回路电阻≤130μΩ						
结论：						

3. 施工前检查

架空线路开关进行施工前，应检查的内容如下：

（1）检查架空线路开关配电自动化终端规格、型号符合设计图纸要求和规定，各项配置达到要求，确认架空线路开关配电自动化终端的技术说明书、合格证、图纸、出厂试验记录齐全。

（2）检查架空线路开关配电自动化终端外观、铭牌及标志的完整性，外观应无机械损伤、变形和外观脱落，附件齐全。

（3）施工前应认真确认架空线路开关配电自动化终端的安装位置、设备编号、通信地址、通信设备的安装位置、控制电缆的通道等。

(4) 检查架空线路开关配电自动化终端内部接线及标号标志，内部连线压接应可靠，接线端钮无缺损，标号齐全，标志清晰；接地端子上有接地标志。内部插件应插拔灵活、定位良好，印刷电路无机械损坏或变形，焊接质量良好，插接部分无接触不良现象。

(5) 专用控制电缆应根据设计选用，一般情况下采用与柱上开关匹配的专用线缆。

4. 作业前准备

工作负责人在开工前检查线路装置是否具备带电作业条件，检查气象条件，并在工作许可时汇报。现场由工作负责人执行工作许可制度，要按工作票内容与值班调控人员联系，确认线路重合闸装置已退出，并在工作票上签字。

许可完成后，由工作负责人召开现场站班会，检查工作班组成员精神状态、交代工作任务进行分工、交代工作中的安全措施和技术措施，并做好签名确认。

现场斗臂车操作人员需将绝缘斗臂车位置停放到最佳位置，停放的位置应便于绝缘斗臂车绝缘斗到达作业位置，避开附近电力线和障碍物，并能保证作业时绝缘斗臂车的绝缘臂有效绝缘长度。同时，作业人员要检查绝缘斗臂车、绝缘引流线、安装绝缘小吊。

工作负责人组织班组成员设置工作现场的安全围栏、安全警示标志，安全围栏的范围应考虑作业中高空坠落和高空落物的影响以及道路交通，必要时联系交通部门。班组成员逐件对绝缘工器具进行外观检查，个人安全防护用具和遮蔽、隔离用具应无针孔、砂眼、裂纹，并使用绝缘电阻检测仪分段检测绝缘工具的表面绝缘电阻值。

5. 开关及终端安装

智能开关本体安装时，要保证外观整洁，瓷套管擦拭干净，部件齐全、无损伤。柱上开关采用吊装式，吊装架所用材料为加强型，角担距杆顶300mm，角担水平倾斜不大于角担长度的1/100，开关吊装架固定螺栓应带双母，安装应牢固，开关外壳应可靠接地。

安装时，开关引线与隔离开关或电缆头连接应使用设备接线端子，与线路主导线连接应使用弹射楔形线夹，连接前开关引线端头应刷锡，连接应牢固，当线路为绝缘线时应进行绝缘处理。安装过程严禁拉抬瓷套管或引线，不应使瓷套管受力，安装过程不得磕碰损伤瓷套管、漆面。开关分合闸操作面及指示面应朝向道路侧。

终端安装时，终端外壳应密封良好，满足防水、防潮、防尘的要求。现场作业人员需严格按照设计要求安装电气元件，馈线终端安装位置应与高压带电设备保持足够的安全距离，馈线终端外壳应可靠接地。U 型抱箍应牢固地锁紧在电线杆上，支撑馈线终端的横担应有足够的支撑力，馈线终端固定螺栓应紧紧锁在横担上，馈线终端竖直正立安装。若使用智能开关，终端则要求，道路两侧的馈线终端宜安装在靠近道路侧，按馈线终端底部距离地面 5.5m 的高度安装固定。通信箱宜安装在馈线终端同侧上方，按通信箱底部距离馈线终端 500mm 的高度安装固定。

安装采用航空插头形式的馈线终端前，应保证航空插头无破损、锈蚀等，绝缘电阻满足二次回路绝缘要求。航空插头作为开关及自动化终端的控制电缆连接件，航空插头连接应紧密、牢固。控制电缆及二次回路整线对线时要注意察看电线表皮是否有破损，不得使用表皮破损的电线，每对完一根电线就应立即套上标有编号的号码管。控制电缆应有固定点，确保航空插头不受应力，引下线应有防水弯。终端安装实物如图 7-12 所示。

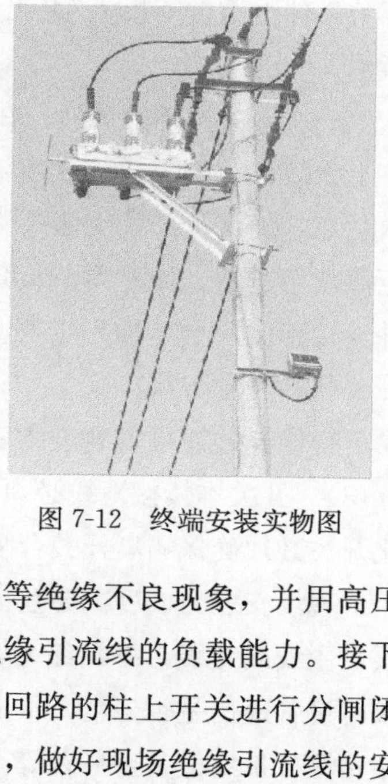

图 7-12　终端安装实物图

带负荷带电作业安装智能开关时，带电作业斗内电工进入带电作业区域，确认装置无漏电等绝缘不良现象，并用高压钳形电流表检测柱上开关负荷电流，确认满足绝缘引流线的负载能力。接下来，斗内电工做好绝缘遮蔽措施后，将具有二次回路的柱上开关进行分闸闭锁，防止安装绝缘引流线时引起开关跳闸。然后，做好现场绝缘引流线的安装，安装好后要用高压钳形电流表测量绝缘引流线和开关引线的电流，确认分流正常。引流线分流正常后，用绝缘操作棒拉开柱上开关，斗内电工分别带电断开柱上开关两侧三相引线，拆除旧开关并安装新柱上开关。智能开关本体安装完成后，安装接地引下线，安装柱上智能开关的智能控制器，并将航插插接到位。最后，带负荷进行新柱上开关引线搭接，引线经线夹固定好后，合上柱上开关，并用高压钳形电流表检测柱上开关负荷电流，确认分流正常后，拆除引流线，拆除绝缘遮蔽。

6. 安装注意事项

在安装过程中，带电作业人员应严格遵守配电电力安全工作规程。现场接线需预留足够弧度，接线时自然下垂不要绷太紧，作用在接线座上的力小于350N，请控制好电缆接头。另外，一二次融合智能开关本体应严格按照标注进出线安装，太阳能面板朝南，且安装完成后，开关本体上重合闸投入/退出硬压板应确保在“重合闸投”位置，如图7-13所示。

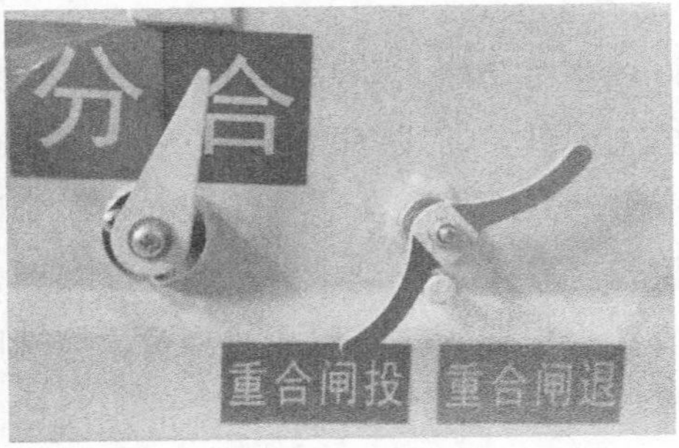

图7-13　智能开关“重合闸投”位置

一次开关本体完成后，在进行控制终端安装时，安装前要确认配件齐全，装上天线打开电源开关，确认与主站通信正常后方可安装，硬压板选择全投入状态，确认开关航空插头锁到位，控制终端必须装于开关下方足够的安全距离便于查看、维护等。同时，开关安装时要注意航空头蓝色点对应插接，并连接到位，卡环插到卡扣里。终端连接处预留电缆弧度防止下雨天进水，开关裸装注意防水。

智能开关如果安装避雷器，需安装于进线侧（进出线严格安装开关本体标识）。开关本体接地线必须可靠接地，接地电阻小于10Ω，带隔离开关一体化开关必须确保隔离开关合闸到位。

现场安装完成后，要登记终端地址和安装点的具体位置信息，拍照留底，核对主线或支线，终端编号、开关编号和杆号等的准确性。主站技术人员要核对设备通信是否正常，本地与主站接收的数据是一致（遥测、遥信量），主站召测保护定值是否一致等。

7. 终端调试

在完成智能开关的安装后，还需对终端进行参数配置。如果智能开关的终端为FTU，参数配置的内容主要有：

（1）配置终端的通信地址、相关端口，设置波特率、校验方式等。

（2）观察终端的收发指示灯，检查信号可正常上传。

(3) 按信息点表配置各路开关遥测、遥信和遥控量地址及开关过流、失压等故障信息量地址。“三遥”点表配置。

(4) 按要求配置 DTU 的各间隔定值。

配置完成后，作业人员需完成现场调试，在调试中主要从遥测、遥信、遥控的角度考虑。首先遥测方面，要按互感器变比配置各路开关遥测量转换关系（在遥测点表内进行配置），核对各遥测量地址和转换关系，然后用模拟设备注入电压、电流等测试信号检查终端或调试软件的显示值是否与现场一致，记录遥测调试的项目及试验结果。模拟设备注入的值与额定有关，通常需校验三次，即：分别加入 0.5 倍额定值、额定值和 1.2 倍额定值。遥测完成后需逐项核对遥信点号，进行各遥信点的分合试验，检查终端或调试软件对应遥信量变位是否与现场一致，SOE 时标是否准确，记录遥信调试的项目及试验结果。最后核对遥控点号、遥控对象、遥信状态与现场一致，执行遥控操作，遥控中出现执行不成功，应停止调试工作，查明原因后方可继续，记录遥控调试的项目及试验结果。

在调试过程中，还需对故障信息量点号进行核对，可以通过注入过流和失压信号，观察是否检测到对应故障量，记录故障报警功能调试的项目及试验结果。为保证 FTU 终端的正常工作，在测试时，需确认电源系统切换等功能正确、完备。

如果智能开关终端不是 FTU 的形式，如上海宏力达的一二次融合智能开关。这类开关完成现场安装后，因无法用模拟设备在二次终端进行电压、电流量的注入，因此无法进行遥测量的调试及故障信号的核对。同时这类开关不需要进行信息点表的配置，在配置时主要涉及的是正反向参数、重合闸参数、过流保护参数、接地保护参数等。

在正反向参数设置时，首先启动软件，打开功能，配置通信超时时长为 30min、信息总召间隔时长为 15min。通信端口号、串口号按照厂家提供的参数进行设置。采集器号默认填写 FF，根据现场实际的智能开关安装位置和调度编号，进行修改。填写界面见图 7-14，然后刷新串口。

完成采集器号的配置后，即可点击以太网参数设置与升级按钮，进行该智能开关的参数配置。对于采集器号为 FF 的智能开关，选择普通采集器选项正反向参数设置。从图 7-15 可以看出，正反相参数配置的主要内容包括：重合闸参数、过流保护参数、接地保护参数等。在配置时必须先进行参数读取后方可设置参数。在调设时要注意时间的控制，一般要求控制在 5min 内，超过 5min 会无法设置需重新读取再设置。

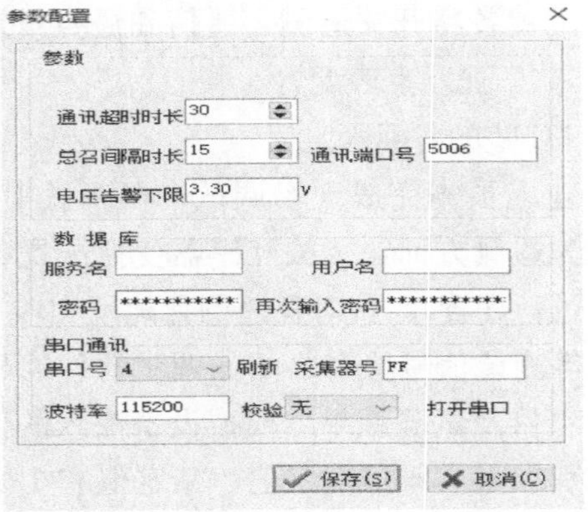

图 7-14　配置采集器填写界面

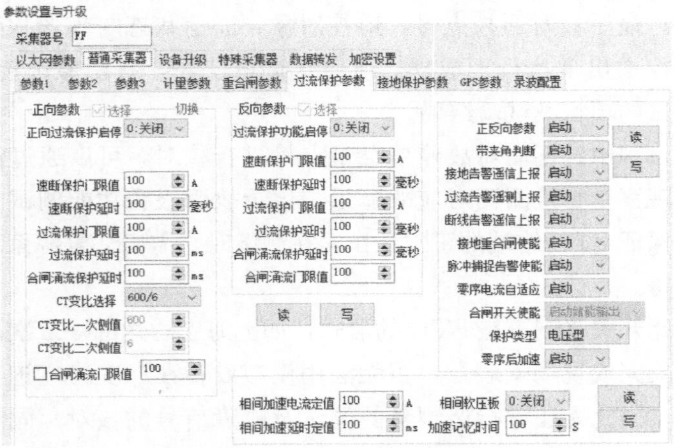

图 7-15　正反向参数设置

三、故障指示器安装

1．施工前现场准备

故障指示器在进行现场安装时，需要检查终端部件是否齐全，包括：RF天线、GPRS天线、采集单元、汇集单元、横档、抱箍、紧固螺母等部分组成。同时，安装人员还需检查安装工具并确认安装位置移动通信信号的强弱。现场的安装工具一般由设备厂家提供，具体应包含：托杯（架）、操纵杆连接头及操纵杆。

2．作业前准备工作

现场施工负责人组织检查确认进入本施工范围的所有工作人员正确使用

劳保用品和着装，并带领施工作业人员进入作业现场。同时，工作负责人还需正确、安全地组织作业，现场施工质安员负责现场作业全过程的安全规范和质量跟踪。

现场施工负责人向进入本施工范围的所有工作人员明确交代本次施工设备状态、作业内容、作业范围、进度要求、特殊项目施工要求、作业标准、安全注意事项、危险点及控制措施、危害环境的相应预防控制措施、人员分工，并签署（班组级）安全技术交底表。

工作负责人负责办理相关的工作许可手续，开工前做好现场施工防护围蔽警示措施，夜间施工的须有足够的照明。

3. 现场安装施工

现场安装时，作业人员需核对图纸和现场电杆的双重名称，确定安装地点。对于初次使用的安装工具，需事先将托杯安置在令克棒上，如果令克棒较细，可用绝缘胶带加粗，如图 7-16 所示。

(a) 令克棒

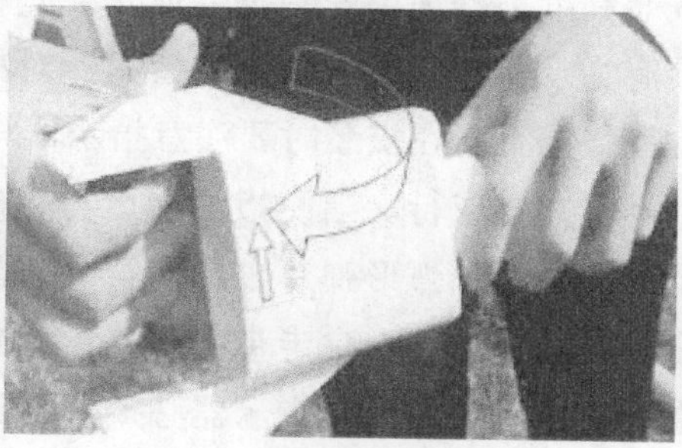

(b) 托杯安装

图 7-16 操作杆安装图

在准备好工具后，现场打开故障指示器包装，从盒中取出安装支架及抱箍、三个采集单元、一台汇集单元，如图 7-17 所示。取出汇集单元后第一时间装上天线打开开关以免后期遗忘。安装的天线主要包括两个，一个是 GPRS 天线，一个是 RF 天线。天线安装时需旋转到位，连接紧

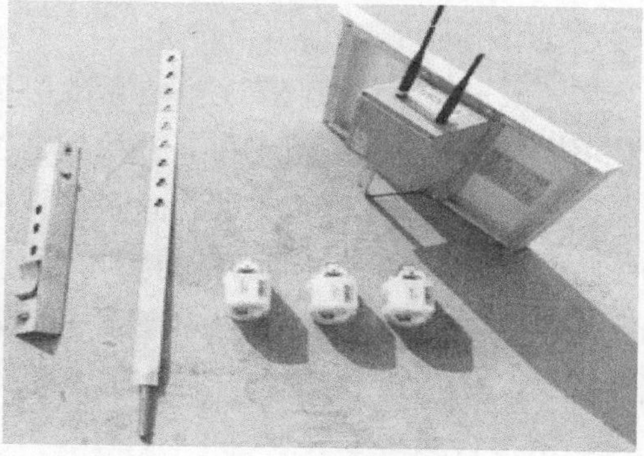

图 7-17 故障指示器拆箱设备

密。然后拍下指示器和采集器的逻辑地址照片，按下汇集单元上的开关按钮，上电后观察信号灯，确认指示灯正常闪络。

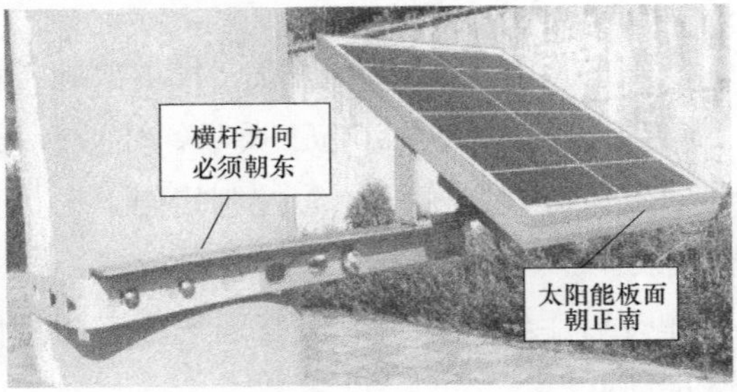

图 7-18　汇集单元安装示意图

将固定抱箍用的螺丝交给爬杆人员随身携带。当爬杆人员就位后，将抱箍通过绳索递交。在爬杆人员固定抱箍时，第一时间和爬杆人员确认横杆方向。横杆方向必须朝东，这样随后安装的汇集单元才能面朝正南，汇集单元安装示意图如图 7-18 所示。

登杆并做好安全准备后，开始安装指示器采集单元。登杆施工人员爬至电杆中部，也就是距离故障指示器 3～5m 处，且距离地面不得低于 4m，具体安装高度根据现场安装条件而定。登杆施工人员尽量采用垂直方向动作，用装有指示器的绝缘操作棒将指示器对准配电线路用力向上推到相应相序的架空型线路上。在安装时要注意指示器与绝缘子要有 15～25cm 的距离，并保证指示器并排成行。当使指示器压力感应面压紧架空线，压簧便可自动扣住并卡紧架空线。弧形弹片自动闭合。在压簧夹住电线后利用操纵杆轻轻敲打确定压簧已加紧后，拿走带有托架的操纵杆。用绝缘操作杆依次将指示器安装在相对应的相序上，指示器必须在负荷侧，完成指示器采集单元安装。

若设备安装过程中出现错误，可先旋动托杯（套具）的旋转按钮，使定位片斜面方向统一朝上。登杆施工人员尽量采用垂直方向动作，用绝缘操作棒将空托杯对准挂接在线路上的指示器采集单元，用力向上推，托杯即可套住它，往下拉即可取下。

在完成采集单元的安装后，进行故障指示器汇集单元的安装。作业人员将专用横担及抱箍用缆绳绑好，并检查是否绑紧，缓慢将其提至安装位置按照横担上的标签指示接好锁紧。这里需保证汇集单元的太阳能板朝南，充分的吸收太阳能充电，方向可用指南针来判断。汇集单元安装时要检查确保箱壳底部的电源开关已经被横担压好。最后，整理天线，将天线卡在指定的天线卡槽上，并检查天线螺纹连接处是否旋紧。

4. 现场安装注意事项

现场安装前，作业人员要戴好安全帽等劳保用品，安装过程中人员不得站于电线杆下面，如遇下雨天气不予安装。如果在安装地点，发现手机信号强弱值在三格一下，需更换安装点，一般是将安装杆号前移或后移至手机信号强度在三格或以上的杆位。如果安装位置处电线杆被树木、楼房以及其他建筑物遮挡阳光可能会影响到太阳能板的充电效率，需更换安装点。

故障指示器的安装必须保证在开关的负荷侧，在进行A相、B相、C相导线位置判断时，一般以前期线路的设计资料为准。如无法找到相关资料，统一以面向变电站方向，从左至右顺序分别为A、B、C三相，如遇上下排列从上至下顺序分别为B相、A相、C相。

5. 故指调试

当现场安装好一套确保现场上线后，都需要发送一条装接短息给后台，让后台进行装接调试，装接短信格式为"××县××所××变××线路××支线××杆号终端编号"后台先把设备安装接信息对应的杆号进行装接工作，后台装接好后，再进行触发调试，如果调试成功，系统会显示成功，后台就可以下发终端任务，后台就可以回复现场人员成功上线，如果后台反馈设备不上线，现场人员就要及时查看闪灯情况，如果现场闪灯正常，建议先带回供电所里。如果现场闪灯不正常，可以重启一次看看情况，如果再不上线，建议先换下一套进行安装调试，把该套设备带回供电所里，进行维修流程的申请。

第八章

配电自动化工程验收及联调

现场验收的主要目的是检验配电自动化终端与一次设备、主站等的配合是否正常，配电自动化终端的各项功能是否实现，性能指标是否达到。本章围绕配电终端建设及改造的验收工作，介绍了验收条件、准备、验收流程。通过学习，帮助掌握站所终端设备、馈线终端、智能开关、故障指示器等设备的验收及调试。

第一节 配电自动化现场验收

本节主要从配电自动化验收条件、准备、验收流程进行介绍，帮助学员掌握配电网自动化新建及改造施工后如何组织现场验收。

一、现场验收具备条件

在组织现场验收前，配电自动化设备应已在现场完成设备安装、二次回路接线、调试等工作。设备施工单位也应完成安装图纸和资料的编制以及安装设备的调试，相关图纸及资料正确，并已提交设备运维单位。在调试时，除了站点的内部调试外，配电自动化终端的信息还应全部接入相关系统，且已完成与调度自动化主站系统等的信息联调工作。

在验收时，除了要对配电自动化设备本身进行查验外，还应进行与系统相关的辅助设备，如电源、接地、防雷等设备的查验，因此验收前须安装调试完毕。

在施工现场具备验收条件时，由设备安装、调试单位将现场验收申请报告提交项目设备运维单位。同时，设备安装、调试单位还需会同设备供应厂家共同完成现场验收大纲的编写工作，项目现场验收大纲应由现场验收工作组审核并确认。

二、现场验收准备

项目建设管理部门在验收前批准现场验收申请报告，并组建现场验收工作组。现场验收工作组由项目建设管理部门、设备运维单位、监理公司等组成。该工作组在验收前应组织有关人员审查验收大纲、竣工图纸和安装、调试报告，并对验收过程中的各种危险点进行分析，提出应采取的安全措施。

另外，现场验收前，设备安装、调试单位应把设备的安装使用情况向设备运维单位交底，设备运维单位办理好验收工作许可手续。在现场验收工作组开展验收工作前，建议组织有关人员对设备及场地进行一次全面检查，场内无杂物，符合文明生产条件，设备名称及编号标志清楚，且经调度核对无误。

设备安装、调试单位及设备供应厂家负责根据出厂验收大纲以及相关一次设备、环境的配置情况编制现场验收大纲，由项目建设管理部门审核批准认可，并形成现场验收大纲正式文本。现场验收大纲应至少包括（但不限于）以下内容：

（1）系统文件及资料。在出厂验收大纲相关内容的基础上增加产品合格证书、设备现场安装调试报告、系统设计及施工图纸、系统备品备件清单、专用测试仪器及工具清单、现场验收申请报告等。

（2）现场验收测试内容。现场验收的主要目的是检验配电自动化终端与一次设备及主站的配合，配电自动化终端的各项功能是否实现，性能指标是否达到。现场测试过程不允许采取抽测方式，应采用逐点全部测试方式，测试过程应包含到一次设备的二次回路。

三、现场验收流程

现场验收条件具备后，设备运维单位启动现场验收程序。现场验收流程如图 8-1 所示。验收组织部门成立现场验收工作组，开展验收前的准备工作。施工单位应将工程竣工报告、设备资料、试验报告、现场验收大纲及现场验收申请报告等提交现场验收工作组审核。审核若未通过，需修改后重新提交。现场验收工作组应召集设备安装、调试单位及设备供应厂家按照验收大纲内容组织验收。现场验收工作组按照验收大纲所列测试内容进行逐项测试、记录。设备安装、调试单位在处理验收提出的问题后，验收工作组重新验收，并确认无遗留问题后填写验收报告。测试完成后，由验收工作小组编写验收报告，报验收领导小组审核并确定现场验收结论。

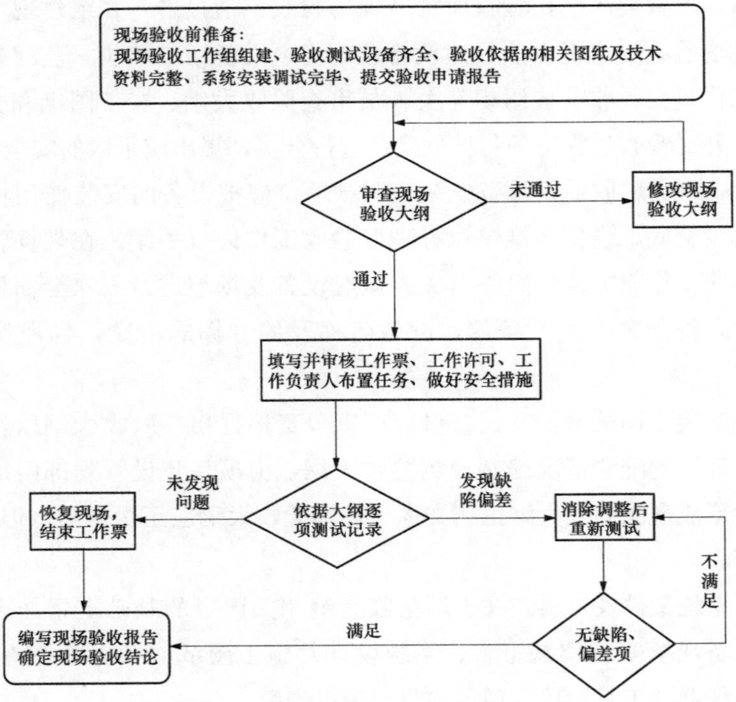

图 8-1　现场验收流程图

四、现场验收报告

现场验收工作组按照验收大纲开展验收工作，当现场验收达到以下要求时，可认为现场验收通过：

（1）系统文件及资料完整、齐全。

（2）所有软、硬件设备型号、数量、配置等与出厂验收结果一致。

（3）系统所采集的信息满足配电自动化主站系统的要求。

（4）现场验收各项结果满足本标准要求，测试结果应无缺陷、偏差项。

验收工作完成后需编写完整的现场验收报告，报告内容应包含现场验收测试记录、统计及分析报告。如果经过现场验收，工程存在缺陷和偏差，验收报告中应有现场验收缺陷和偏差记录。现场验收报告作为验收的总结性文件，在报告中应明确体现验收结论，如现场验收内容符和验收大纲的要求，应给出通过的结论。

第二节　DTU设备验收及主站调试

本节内容主要介绍了自动化站所终端新建及改造工程结束后对终端现场的验收及联合调试。内容包括：自动化DTU验收要点，配电自动化站所终端联调的前期准备，配电自动化站所终端的联调对点。通过本课程的学习，基本掌握自动化站所终端新建改造现场验收和调试的基本流程及要点。

一、DTU安装验收

DTU已经放置到位，一次设备整体已符合自动化设备运行条件，二次接线也已完成，意味着配电自动化改造现场工作基本完成，在DTU正式投产前，还需要对改造的站点进行安装验收，只有经过安装验收并合格的站点，才能够进行下一步的“三遥”联调工作。自动化改造DTU现场安装验收时，主要涉及三个部分：一是开关柜二次安装部分；二是DTU的安装部分；三是DTU的电气部分。

1. 开关柜二次安装部分安装验收

现场安装验收时开关柜二次安装部分主要查验的内容涉及二次线缆走线、TA的二次接线及开关柜内二次接线等。二次线缆走线应按设计施工，走线应整齐美观，不影响一次设备的使用。TA的型号和安装必须符合标准，TA的变比应与设计一致，抱箍式TA卡口安装应注意不能留有空隙，否则会影响到后期的电流测量准确度。TA二次回路接线牢固可靠，应正确短接，严防TA开路，造成人身设备损伤。开关柜二次端子接线应与设计图纸一致，接线整洁、排列整齐，线路标示清晰，芯号与DTU侧相对应并套有指示清楚的方向套。

2. DTU安装部分安装验收

DTU安装部分涉及的内容较多，首先对于资料和外观的验收主要包括：①查验时需根据设计图纸，检查并核对装置配置及其安装位置是否与设计图纸一致，DTU是否具备产品质量合格证、由国家级检测机构出具的型式试验报告，报告内容包括功能、性能、环境影响、绝缘性能、电磁兼容等试验项目；②对安装好的DTU装置要确保装置外观清洁、无明显的凹痕、裂缝、划伤、毛刺等，箱体密封良好，门、门锁、操作面板平整完好，箱门开关顺畅，门锁钥匙齐备；③现场安装的DTU在显著位置应设置有不锈钢铭牌，铭牌固定良好，内容应包含DTU名称，型号，装置电源、操作电源、额定电压、额定电流、产品编号、制造日期及制造厂家名称等。

其次，打开DTU箱体柜门，箱体内设备和元器件安装牢固整齐，各插件紧固、无缺失，与背板总线接触良好，插拔方便。DTU屏柜内部端子二次接线要检查是否与设计图纸一致。内部接线应排列整齐、横平竖直，牢固无松动，并具备标示清晰的线路方向套，字迹应采用打印。柜内二次电缆排列整齐有序，标牌填写清晰、悬挂平齐。DTU设备电源相互独立，装置电源、通信电源、操作电源、交流电源、后备电源等各空气开关标示清晰、填写正确。现场接入间隔与设计图纸一致。出口压板标示清晰，接入间隔命名与现场一次设备一致。同时，通信设备已完整安装，通信走线整齐美观，通信线路已接入并完成调试。

需要注意的内容有：①终端设备及柜体接地正确，接地线应用 $6mm^2$ 多股接地线，电缆屏蔽层接地线采用不小于 $4mm^2$ 多股软线，要确保接地线接地；②设备封堵良好，电缆口需要用防鼠泥封堵；③设备卫生整洁干净，内外无残留杂物。

3. DTU的电气部分验收

DTU在电气部分验收时，需查看DTU的电源部分、核心单元、通信设备等是否正常。

电源部分查看时，需确认压变或低压电源提供的交流电压与电源模块电压等级相匹配。DTU的蓄电池安装完好，且电压合格。DTU交流电源来源处低压柜对应空气开关或熔断器或压变低压空气开关须标识清晰。

在确保电源部分正常的情况下，查看DTU的核心单元。通过核心单元上运行灯显示正确，判断系统启动正常。观察各插件各指示灯显示，通过是否正确显示判断插件运作是否正常。唤醒液晶显示面板，通过操作界面是否清晰判断显示情况。在面板正常的情况下，可以查询软件版本和程序校验码，确认是否符合要求。如果DTU的核心单元没有液晶面板，需连接维护软件，确认核心单元的软件版本和程序校验码。

DTU 核心单元指示正常后，为保证后续与配电自动化主站间的联合调试顺利进行，需检查屏柜内通信设备 ONU 显示是否正常，并确认通道已调试完毕、通道畅通。

在 DTU 电气部分安装验收时，条件允许的情况下，应检测遥控线遥信线是否连接正确，开关柜电操是否能正常操作。验收人员可进行检查的遥控信号有：装置失电后备电源是否能够自动投切；接入间隔分合闸指示灯是否显示正确；远方就地切换指示是否正确。验收人员进行的 DTU 操作有：预制按钮操作是否成功；各间隔就地分合闸操作成功且遥控信号正确变位等。

在现场实际的安装验收的过程中，需要通过验收标准作业卡，见表 8-1。验收人员仔细检查所有的验收项目，对于不合格或存在缺陷的项目需要一一记录，并告知相关人员（业主，施工方）进行整改，整改后再行复验。

表 8-1　　　　验收标准作业卡

××公司配电自动化终端现场竣工验收标准作业卡				
站点名称			工程类型	
验收范围			验收日期	
终端型号			终端类型	
验收人员				
序号	类别	检查内容	验收√	缺陷情况
1	竣工验收应具备的基本条件	开关柜二次接线图、DTU 二次接线图、DTU 相关检测报告、产品合格证等资料应齐备		
2		工程已按设计要求全部施工完毕，并已满足生产运行的要求		
3		建设管理单位已进行工程自验收，出具验收报告及缺陷闭环清单		
4		工程自验收查出的缺陷已消除，不存在影响安全运行的缺陷		
5		主站图模验收通过		
6		通信调试通过		
7	土建	设备运行环境符合要求		
8		DTU 基础牢固		
9		操作空间足够（DTU 门板前留有足够空间）		
10		DTU 前后面板行走通道畅通		
11		场地清理干净		

续表

序号	类别	检查内容	验收√	缺陷情况
12	施工工艺	DTU设备按站点设计的定置图摆放正确、平整并牢固		
13		装置配置与设计图纸一致		
14		装置外观清洁、无损坏，铭牌固定良好		
15		门、门锁、操作面板平整完好，门锁钥匙齐备		
16		装置各插件紧固、无缺失		
17		CA安装完好，抱箍式CT注意卡口咬合对位		
18		CT二次端子短接片短接正确，连接片连接完好		
19		开关柜二次端子牢固可靠、排列整齐，线路标示清晰，开关柜二次接线芯号与DTU侧二次接线芯号相对应		
20		二次线缆走线清晰整齐，走线槽盖板平整完好		
21		DTU交流电源来源处低压柜对应空开/熔断器或压变低压空开标识完整清晰		
22		端子接线牢固可靠、排列整齐，线路标示完整清晰		
23		电缆、光缆标牌填写完整清晰、悬挂规范合格		
24		孔洞封堵良好		
25		各空气开关标示完整清晰、填写正确，且为机打标签		
26		出口压板标示完整清晰、与一次设备间隔名称相对应		
27		终端设备及柜体接地正确，确保接地线接地		
28	DTU电气	电源输入电压检查，压变或低压提供与电源模块电压等级相匹配的交流电源		
29		（若现场满足条件）双电源需接入，取电原则符合要求		
30		后备电源检查（蓄电池），蓄电池安装完好、输出电压检查且电压合格		
31		系统启动正常、运行灯显示正确，照明灯完好		
32		（若有）液晶显示面板显示良好，操作界面清晰，按键灵活反应准确		
33		软件版本和程序校验码符合要求		
34		各参数配置正确，详见附件		
35		时钟显示正确		
36		装置失电后备用电源能自动投切		
37		压板投切正确		
38		分合闸指示灯显示正确		

续表

序号	类别	检查内容	验收√	缺陷情况
39	DTU电气	电机电源端子正负极不短路		
40		预置回路接线正确，预置时间配置正确		
41		遥信检查： （1）若环网柜已投运，短接遥信线，检查DTU侧显示正常，主站侧显示正确； （2）若环网柜未投运，则操作开关柜至不同状态，检查DTU侧显示正常，主站侧显示正确		
42		遥测检查： （1）若对应一次间隔为运行中环网柜，则分相打开开关柜CT二次端子短接片，查看DTU的遥测值正常显示，主站电流正常显示； （2）若对应一次间隔为无负荷的环网柜（联络柜或备用柜），则解开连接片，用保护测试仪分相加电流，查看DTU的遥测值正常显示，主站电流显示正确		
43		交流/直流采集数值精度要求：交流值：误差不大于5%；直流值：误差不大于3%。（通过钳形电流表、DTU遥测值、主站显示数值、CT变比等数据计算对比得出）		

二、配电自动化站所主站联调

配电自动化设备联调是指：在基建、扩建、改造工程中，为确保配电自动化终端设备的完好性、配电自动化设备与配电网一次设备之间的唯一对应性，在其投产送电前均须进行联合调试的过程。配电自动化设备的调试、传动验收须采用“全遥信、全遥测、全遥控”的方式进行。只有在联调完成、验收合格后，运行人员方可将自动化设备及相关功能投入运行，包括装置电源开关、操作电源、通信设备电源、遥控压板、远方/就地把手等，并上报配调调度员。本节内容讲述的就是配电自动化设备联调工作的流程及要点。

1. 配电自动化站所终端联调的前期准备

在进行配电自动化站所终端联调工作之前，应做好相应的前期准备工作，包括设备的本体检验和确认是否具备联调条件。

（1）设备本体的检查。设备本体检验包括技术资料完备性检查、外观结构检查、接线检查、接口检查、通信功能检查、绝缘测试、配电终端参数配置与核对、后备电源检查等内容。

技术资料完备性检查需确保现场设备具备产品质量合格证、由国家级检测机构出具的型式试验报告，报告内容包括功能、性能、环境影响、绝缘性能、电磁兼容等试验项目。

外观结构检查时，需检查铭牌参数与现场实际要求是否一致，字迹是否清晰，产品型号、产品名称、制造厂商、主要参数（装置电源、操作电源、额定电压、额定电流）、出厂日期、编号等信息是否齐全。检查DTU面板无划痕，外壳、插箱无碰伤及变形，按键、指示灯无损坏，接线牢固可靠，接线编码标示清晰，通信设备安装位置合适。

接线检查就是检查端子排或航空插头的接线应与终端设计图纸一致，且可靠连接。另外，DTU装置应具备独立的保护接地端子，并具备明显的接地标识。

接口检查包含信号接口检查和通信接口检查。信号接口检查是指模拟量输入通道及其数量，数字量输入通道及其数量，控制输出接口及其回路数应满足工程设计及现场使用要求。通信接口检查是指串行通信和以太网接口的数量及其工作模式应满足工程设计及现场使用要求。在检查通信接口时，需进一步确认通信功能。通信功能的检查包括基本通信功能检测、通信可靠性检测等。

绝缘测试是调试前检查重要的部分，是确保设备安全运行的重要内容。对于DTU装置，在配电终端的端子处测量各电气回路对地和各电气回路间的绝缘电阻值应不小于5MΩ。

配电终端参数配置与核对时，要注意配电终端软件、硬件版本号应满足现场使用的配置要求，IP设定应与主站维护人员确认与主站显示一致，点号配置、遥测死区值设定、保护定值设置配置正确。

后备电源检查也是设备本体检查的内容之一，主要是检查是否具备后备电源（蓄电池/超级电容）及后备电源管理模块，且后备电源的容量是否满足设计及相关技术规范要求。

（2）联调前需具备的条件。在联调前，工作负责人应按相关安全生产管理规定，办理相关工作许可手续。并确认现场具备以下条件：

1）终端设备已安装至现场并具备工作电源；

2）光缆熔接工作及光纤通道调试工作已完成、保证通信链路畅通；

3）电缆二次接线已完成，施工人员已完成图纸核对，接线与图纸一致；

4）配调主站数据库信息点表录入工作及图形绘制工作完成，并发布到主站平台；

5）现场安全措施到位，工作保护接地已采用外挂接地线进行接地。

现场调试人员根据实际调试需求配备便携式计算机、钳形电流表、数字万用表、剥线钳、继保测试仪、螺丝刀、手电筒、验电笔等工器具，如图 8-2 所示。

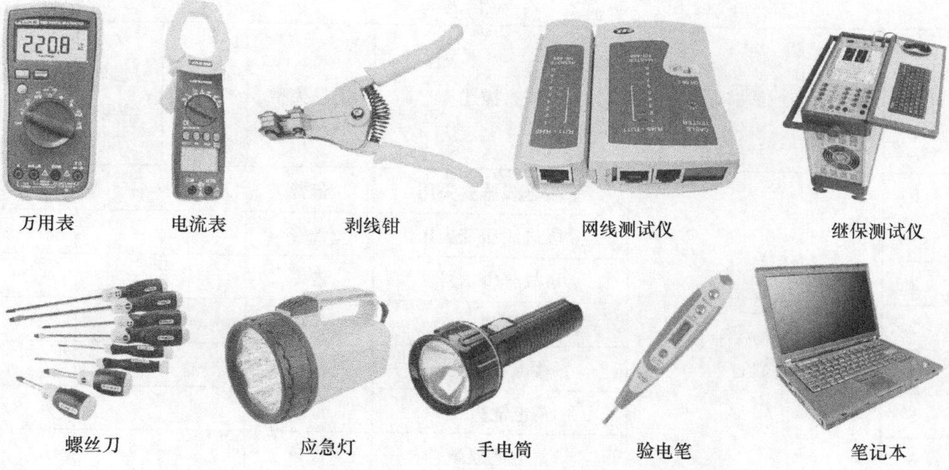

图 8-2　DTU“三遥”调试所需工器具

2. 配电自动化站所终端的联调对点

配电自动化站所终端的联调对点分为遥信联调、遥测联调、遥控联调三个部分。联调测试记录见表 8-2。

实现配电自动化终端的公共信号（交流输入失电、电源模块故障、电池欠压、远方/就地把手位置、遥测越限告警等信号），间隔信号（开关位置、接地开关位置、远方/就地把手位置等信号）的实际位置与主站信息一致；观

表 8-2　　　　DTU 主站联调测试表

开关站名称		联调时间		联调班组	

遥测表

序号	设备或线路名称	信息描述	DTU 显示	测试结果	备注
0	Ⅰ段母线 TV	Ⅰ段母线 U_{ab}			
1		Ⅰ段母线 U_{bc}			
2	Ⅱ段母线 TV	Ⅱ段母线 U_{ab}			
3		Ⅱ段母线 U_{bc}			
4	线路一	I_a			
5		I_c			
6		I_o/I_b			
7		有功功率			
8		无功功率			

遥信表

序号	设备或线路名称	信息描述	信息类型	DTU 显示	测试结果	备注
0	DTU	Ⅰ段母线压变失压	告警			
1		Ⅱ段进线压变失压	告警			
2		事故告警信号	告警			
3		交流失电	告警			
4		蓄电池活化	告警			
5		蓄电池欠压	告警			
6		蓄电池故障	告警			
7		DTU 就地	状态			
8		DTU 远方	状态			
9	线路一	开关合位	状态			
10		开关分位	状态			
11		弹簧未储能	告警			
12		备用	备用			
13		备用	备用			
14		过流	保护			

续表

遥控表					
序号	设备或线路名称	信息描述	DTU 显示	测试结果	备注
0	线路一	开关合			
1		开关分			

测试结论：

联调人员： 审核： 日期：

察对应指示灯变化、主站是否有相应信号变化及 SOE 变化上送是否符合要求。

以某开关站为例，其遥信信息见表 8-2，其中 0～9 号为开关站公共遥控信号，10～16 号为某一间隔的间隔信号。其中，公共信号包括装置远方和就地信号，装置闭锁信号，交流输入失电告警信号，电池电压、电池欠压告警信号，电池活化激活信号，电源模块故障告警信号等；间隔信号包括：间隔的合、分位信号，接地开关的合、分位信号，间隔的过流告警信号等。

（1）公共信号联调。公共信号如下：

1）交流输入失电信号：如图 8-3 所示，现场切断交流电源，终端设备显示交流失电告警信号，并与主站侧人员确认接受到一致信号，恢复交流供电，告警正确消除。

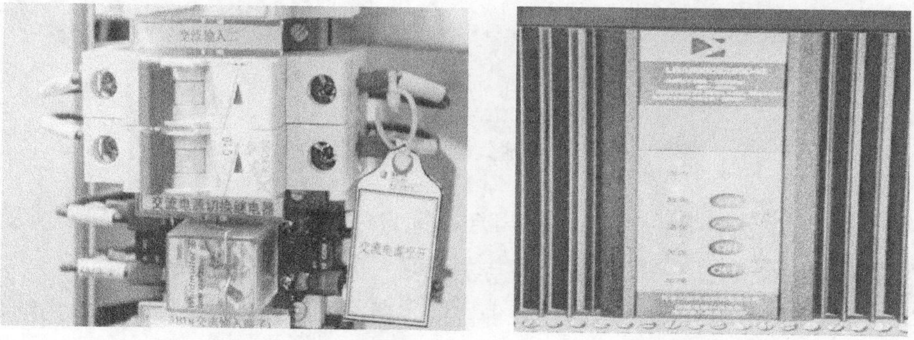

(a) 示例1　　(b) 示例2

图 8-3　交流失电试验

2）电源模块故障信号。如图 8-4 所示，在电源模块上电源模块故障硬节点给高电平信号，终端设备显示相应信号，并与主站维护人员确认与主站显示一致。

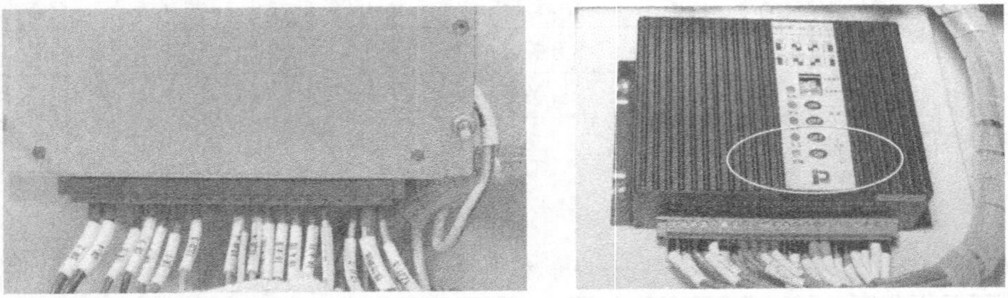

(a)示例1　　(b)示例2

图 8-4　电源模块故障试验

3）电池欠压信号：如图 8-5 所示，在电源模块上电池欠压故障硬节点给高电平信号，终端设备显示相应信号，并与主站维护人员确认与主站显示一致。

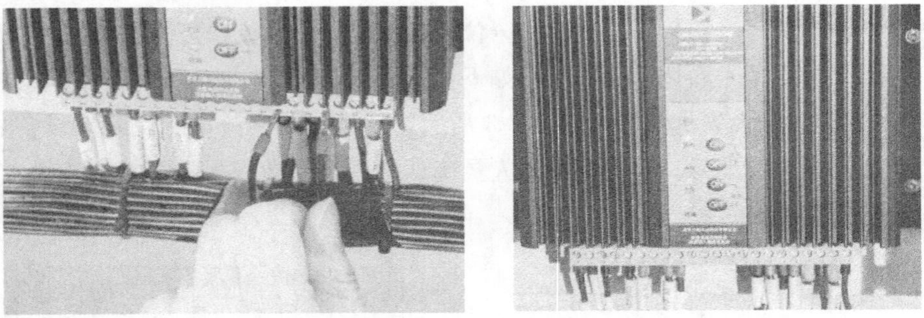

(a)示例1　　(b)示例2

图 8-5　电池欠压故障硬节点试验

4）远方/就地把手信号：切换 DTU 远方/就地转换开关，如图 8-6 所示，终端设备显示相应的变位信号，并与主站侧人员确认信号一致。

遥测越限告警信号：遥测越限告警信号调试如图 8-7 所示，调试时用继电保护仪在相应电流端子上逐相加故障电流，终端设备显示相应信号，并与主站侧人员核对信号一致。遥测越限告警信号调试需要根据 DTU 保护整定单在 DTU 装置中设置定值，定值设置应在联调开始前完成。

（2）间隔信号联调。在新建不带负荷站点，我们采用一次设备间隔实际

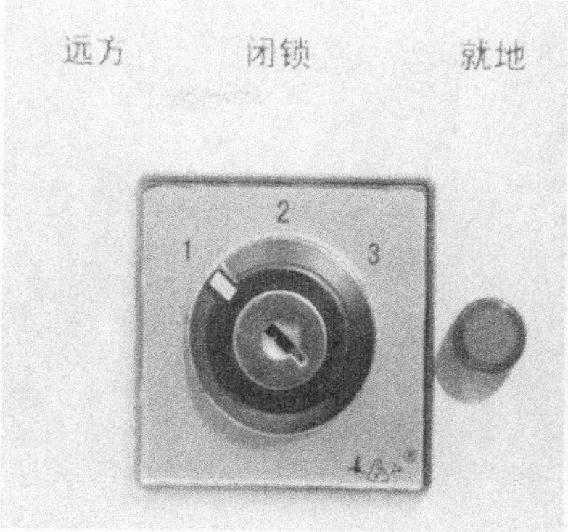

(a) 示例1

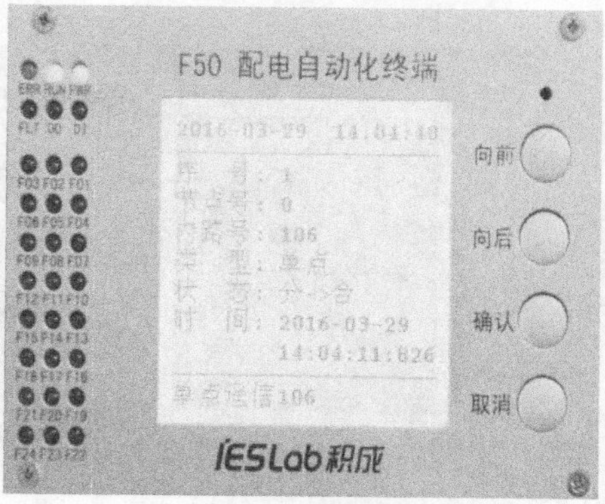

(b) 示例2

图 8-6　远方/就地转换开关试验

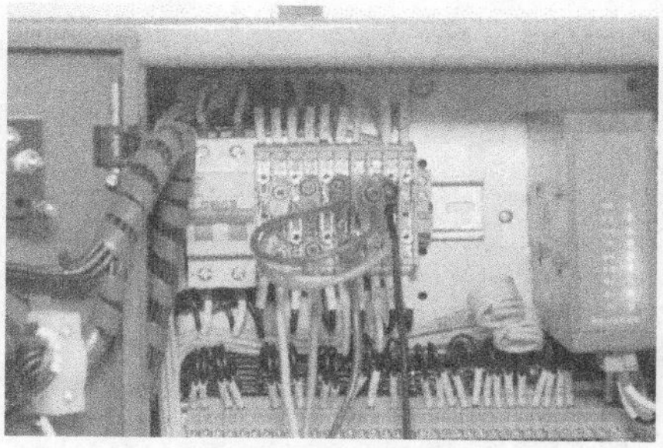

(a) 示例1

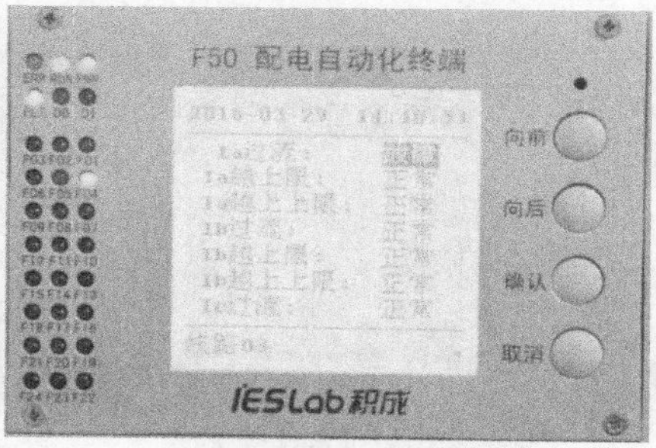

(b) 示例2

图 8-7　遥测越限告警信号调试

操作变位的方法来与主站侧人员核对间隔的遥控信号是否正确。对于改造，带负荷，不允许间隔开关实际动作的站点，我们一般采用在开关柜侧加高电平信号的方式与主站侧人员核对间隔遥控信号。

1）负荷开关位置信号：遥信合位信号如图 8-8 所示，在开关柜侧负荷开关合位相应的硬节点上给高电平信号，终端设备显示相应信号，并与主站维护人员确认与主站显示一致；遥信分位信号如图 8-9 所示，在开关柜侧负荷开关分位相应的硬节点上给高电平信号，终端设备显示相应信号，并与主站维护人员确认与主站显示一致。

2）接地开关信号：在开关柜侧接地开关信号相应的硬节点上给高电平信号，终端设备显示相应信号（如图 8-10 所示），并与主站维护人员确认与主站显示一致。

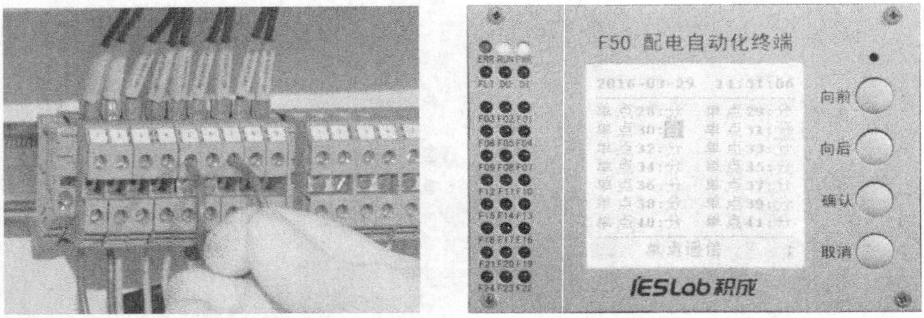

(a) 开关合位硬节点上给高电平信号　　(b) 终端液晶面板对于开关合位信号显示合

图 8-8　遥信合位信号

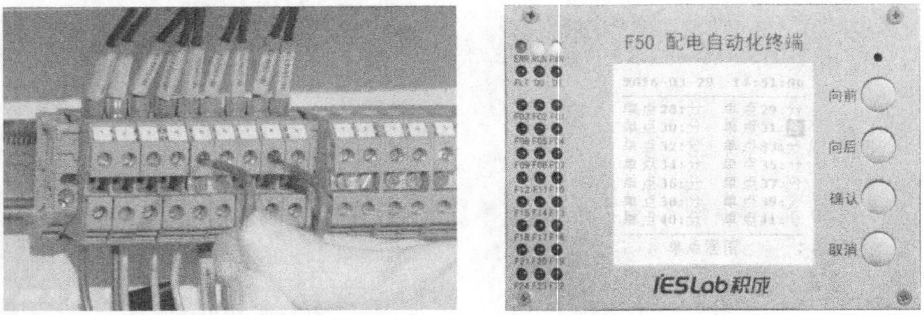

(a) 开关分位硬节点上给高电平信号　　(b) 终端液晶面板对于开关分位信号显示合

图 8-9　遥信分位信号

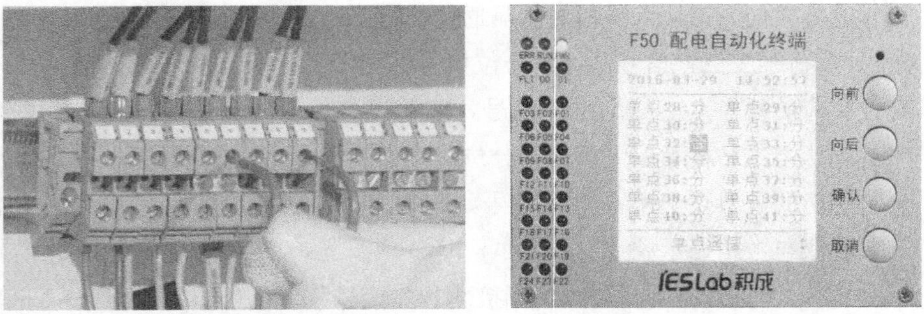

(a) 接地开关合位硬节点上给高电平信号　　(b) 终端液晶面板对应接地刀闸位置信号显示合

图 8-10　接地开关信号

3）开关柜远方/就地把手信号：如图 8-11 所示，切换开关柜侧远方/就地转换开关，终端设备显示相应的变位信号，并与主站侧人员确认信号一致。

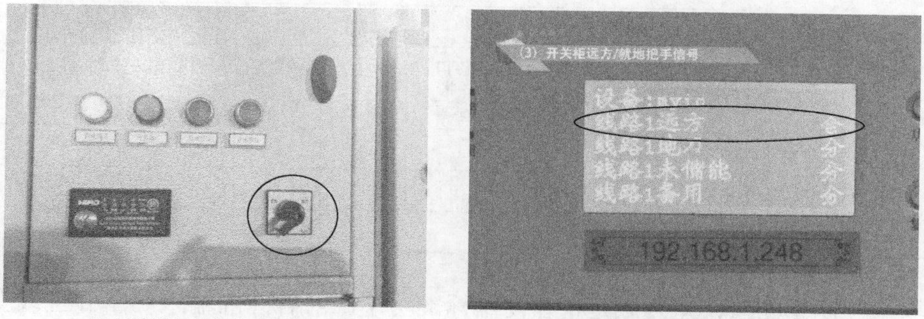

(a) 开关柜上远方/就地切换开关　　(b) 终端液晶面板对应信号显示

图 8-11　开关柜远方/就地把手信号

3. 遥测联调对点

DTU 遥测功能的联调包括遥测量采样误差测试和遥测对点两部分。

（1）遥测量采样误差测试。DTU 的遥测量采样误差测试通常包括三个部分，分别是电流采样误差测试、电压采样误差测试和功率采样误差测试。

1）电流采样误差测试是指使用标准功率源，对各电流采样回路依次施加输入电流额定值的 50%、100%、120%时，在终端及配电主站读取配电终端测量值的电流采样误差应满足相关规范的要求，相应的数据填入表 8-3 中。

表 8-3　　**电流测试采样误差**

线路名称		A相			B相			C相		
		DTU显示	主站显示	采样精度	DTU显示	主站显示	采样精度	DTU显示	主站显示	采样精度
第1条线路	0									
	$50\% I_n$									
	$100\% I_n$									
	$120\% I_n$									

2）电压采样误差测试是指使用标准功率源，对各电压采样回路依次施加输入电压额定值的 0、50%、100%时，在配电主站读取配电终端测量值的电压采样误差应满足相关规范的要求，相应的数据填入表 8-4 中。

表 8-4　　电压测试采样误差

线路编号	输入 (U_N)	电压测试（V）								
		A 相			B 相			C 相		
		DTU 显示	主站显示	采样精度	DTU 显示	主站显示	采样精度	DTU 显示	主站显示	采样精度
Ⅰ段母线	0									
	50%									
	100%									

3）功率测量误差测试是指在使用标准功率源对各间隔输入功率并且改变功率因数角时，在配电主站读取的配电终端测量值，其有功功率及无功功率采样精度应满足设计及相关功能规范的要求，相应的数据填入表 8-5 中。

表 8-5　　功率测量误差

线路编号	有功功率	无功功率	采样精度
	主站显示/终端显示	主站显示/终端显示	
第 1 条线路			
第 2 条线路			
…			

（2）遥测对点。DTU 遥测对点通常包括交流采样数据遥测对点和直流电源电压数据遥测对点两项内容。

1）交流采样数据：用继保测试仪给各路逐相加电流，终端设备显示相应电流数值（如图 8-12 所示），并与主站维护人员确认与主站显示一致。

继保仪加电流前应短接电流外侧端子，防止 TA 开路，并把划片划至内侧，测试完成后，应将划片划回原位，再拆除短接线。

2）直流电源电压数据：用万用表测量电池电压，终端设备显示相应电压值，如图 8-13 所示，并与主站人员确认主站测显示数值与现场所测值是否一致。

4. 遥控联调对点

DTU 遥控功能的联调包括遥控功能和遥控加密测试两个部分。

（1）遥控功能测试。遥控功能测试包括以下内容：

1）就地遥控联调：将遥控间隔开关柜远方/就地开关打至远方位置，将

(a) 继保仪操作

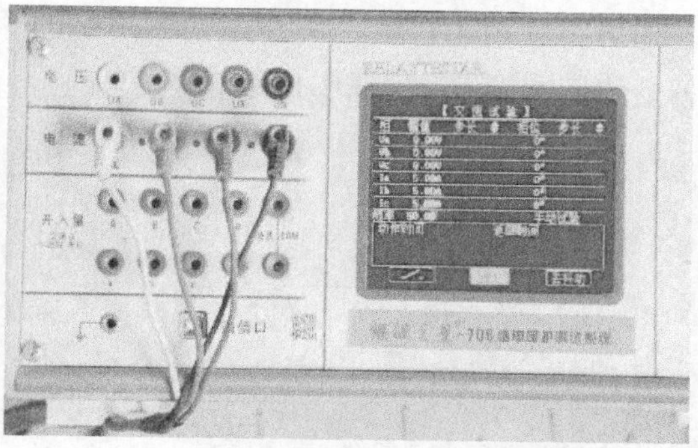

(b) 继保仪接线与电流量设定

(c) 开关柜接线

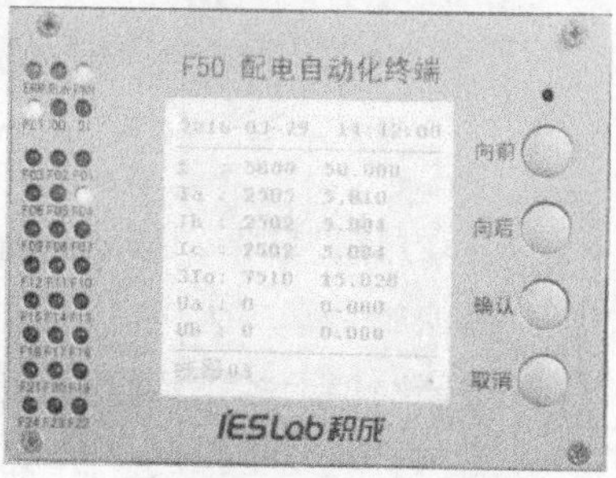

(d) 终端液晶面板显示对应电流量

图 8-12　遥测对点

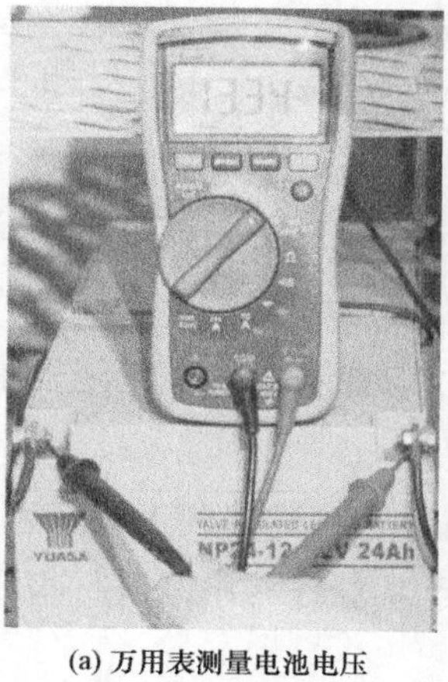

(a) 万用表测量电池电压

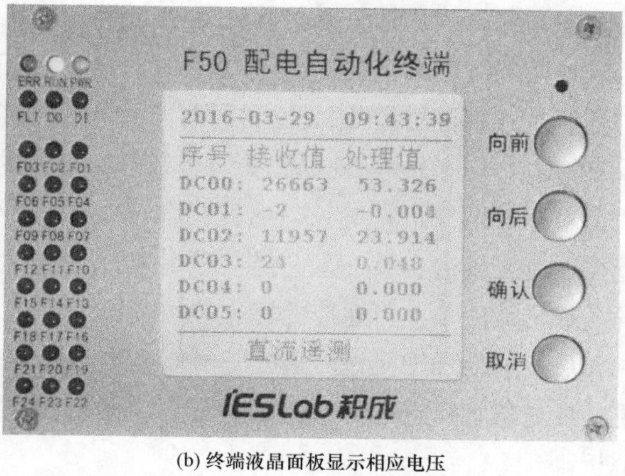

(b) 终端液晶面板显示相应电压

图 8-13　直流电源电压测试

DTU 远方/就地切换开关打至就地位置，电机电源空气开关闭合；只合上遥控对点线路间隔的出口压板，断开其他间隔出口压板；在 DTU 上进行控分、控合操作，如图 8-14 所示，遥控成功率应为 100%，相应的间隔的状态变化和 DTU 的遥信变位信号正确，且现场开关位置及环网柜上的指示灯显示正确。

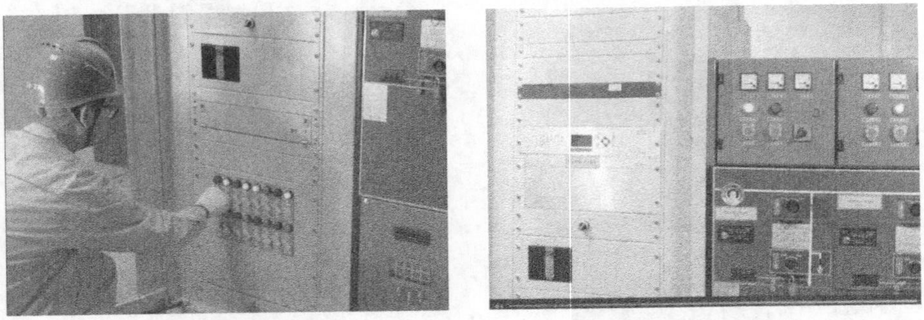

(a) DTU就地遥控操作　　(b) 开关柜分合闸状态

图 8-14　就地遥控操作

2）远方遥控联调：按照预置、返校、执行的顺序从主站进行控分、控合操作，遥控成功率应为 100%，相应的遥信变位及 SOE 信号正确，且现场开关位置及环网柜上的指示灯显示正确。

终端侧：将 DTU 的“远方/就地”把手打到“远方”位置，开关柜的“远方/闭锁”把手打到“远方”位置，电机电源空气开关闭合；只合上遥控对点线路间隔的出口压板，断开其他间隔出口压板。

主站侧：确认开关遥信状态是否正常，确认间隔双重命名是否正确，确定现场间隔双重命名是否与系统中的开关命名相同；按照预置、返校、执行的顺序从主站进行控分、控合操作，遥控成功率应为 100%，相应的遥信变位及 SOE 信号正确，且现场开关位置及环网柜上的指示灯显示正确；遥控执行后需对遥控结果进行确认，遥控间隔开关遥信位置、遥测数据发生变化，告警窗中有正确的告警信息上传（图 8-15）。遥控对点中，需在已经正确对点的开关靠母线侧加上可遥控的标志。

（2）遥控加密测试。遥控信号应在主站侧正确加密，在终端侧正确解密；主站发送的加密遥控信号需通过硬件或软件方式进行解密后，才可进行报文解析。

配电终端和配电主站之间的认证应采取国家主管部门认可的非对称密码算法，配电终端和配电主站之间关键和敏感信息的加密应采取国家主管部门认可的对称密码算法。

遥控的加密测试可以按照表 8-6 来分步进行。

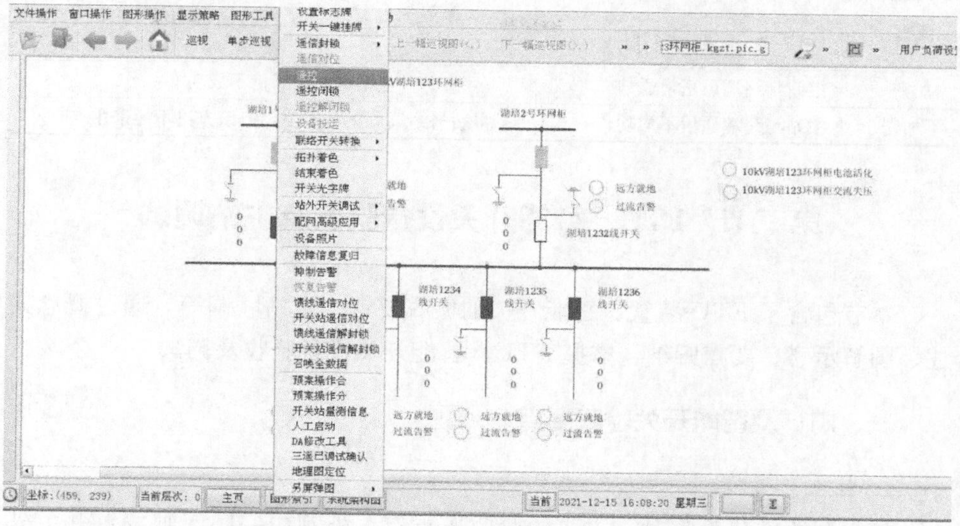

(a) 主站遥控操作界面

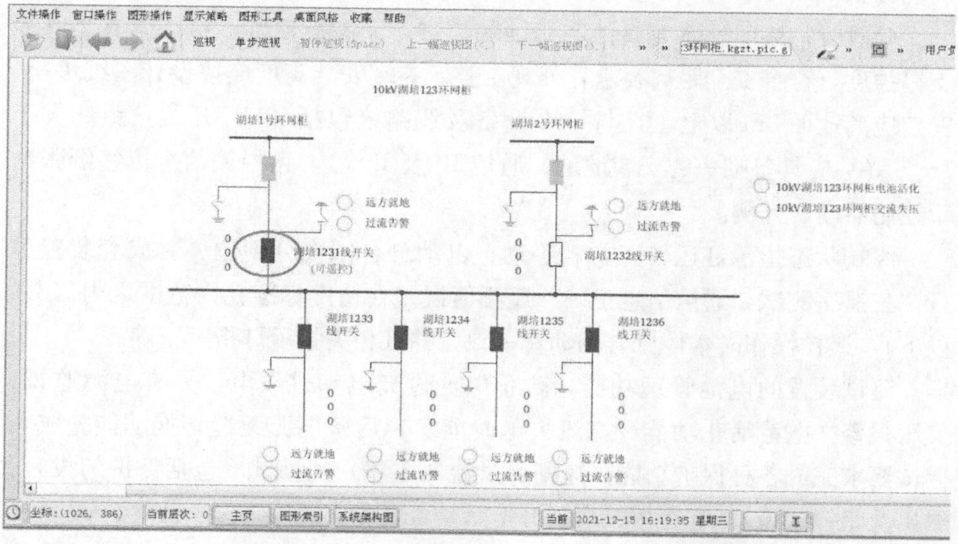

(b) 主站开关位置显示

图 8-15　主站遥控操作

表 8-6　　　　　　　　　　　遥控加密测试

终端	主站	
	加密	不加密
加密	主站与终端可正常通信	主站与终端通信不成功
不加密	主站与终端通信不成功	主站与终端可正常通信，但该方法不能采用

第三节　FTU、智能开关设备验收及主站调试

本节包含了 FTU 装置、智能开关的验收要点、主站联调等，通过概念描述、图解示意、要点归纳，掌握 FTU、智能开关设备验收及调试。

一、FTU 及智能开关验收要点

1. 柱上开关

柱上开关部分验收时，主要的验收要点有：外观应完整无缺损；开关外壳应可靠接地；开关分合闸操作面及指示面应朝向道路侧；绝缘电阻值不低于 1000MΩ；调度号及警告标志齐全；线路开关、用户分界负荷开关、重合器的试验报告不应超期；自动化设备应具有传动试验记录。

2. 馈线终端

验收时，终端外体无腐蚀和锈蚀的痕迹，无破损痕迹。箱体应有足够的支撑强度，符合安全距离要求，外观工整。终端安装高度应按设计图纸进行，安装应离地面 3m 以上，且与一次设备及线路（包括 TV、开关）距离大于 1m。终端应具备唯一的安装地址、通信 IP 及 ID 号，且相关信息标签纸张贴于控制器内、外侧。

终端状态指示灯运转正常，手动、电动分合闸充分到位。对成套装置进行“三遥”测试，遥信信息正确，遥测值误差在精度标准允许范围之内（3%以下），遥控操作时本体分合闸动作一致，并且相关指示灯指示正确。

测试装置的电池管理功能，防止电池过充电和过放电，具有电源监视、欠压报警、电池活化功能，交流失电时能实现后备电源无缝切换功能。成套调试要求完成各种保护功能（速断、过流、零序）的测试（包括保护的投入、退出及闭锁试验），查看相关指示灯指示是否正确。

开关本体接地线必须可靠接地，接地电阻小于 10Ω，带隔离开关一体化开关必须确保隔离开关合闸到位。

开关安装注意航空头连接到位，卡环插到卡扣里。终端连接处预留电缆

弧度防止下雨天进水，开关裸装注意防水。

3. 智能开关

关于智能开关终端，开关本体严格按照标注进出线安装，安装前确认配件齐全，装上天线打开电源开关，确认与主站通信正常后方可安装，重合闸投入/退出硬压板选择全投入状态，太阳能面板朝南。验收时，需确认开关航空插头锁到位，控制终端必须装于开关下方足够的安全距离便于查看、维护等。

在现场实际的安装验收的过程中，需要通过表 8-7 的验收标准作业卡，仔细检查所有的验收项目，对于不合格或存在缺陷的项目需要一一记录，并告知相关人员（如业主、施工方）进行整改，整改后再行复验。

表 8-7　　馈线终端及智能开关验收标准作业卡

工序	检验项目	质量标准	质量检验结果（杆号及内容）
外观检查	开关、控制器无磕碰、无划痕、无锈蚀	符合规程要求	
	开关瓷套管清洁、无抬拉套管现象	符合规程要求	
开关安装	开关操作面朝道路侧	符合规程要求	
	横担距杆顶距离	≥300mm	
	横担水平倾斜度	≤1/100	
	电源、负荷接线部位	开关电源侧接线路	
	引线与线路导线连接	弹射楔形线夹并绝缘包封	
	开关配置无间隙避雷器	安电源侧	
	开关外壳接地	符合规程要求	
	安装完成分合操作	3 次	
	合闸后，进行分闸储能	拉下储能操作杆	
控制器安装	控制器安装高度	≥5.5m	
	控制器接地	符合规程要求	
二次回路接线	二次回路连接正确	符合规程要求	
	二次线防护	半圆防踏护管保护到位	

施工单位：

验收结论：

质检机构	分项工程质量检验评定	签　名
监理		年　月　日
运行		年　月　日
运检部		年　月　日

二、FTU的联调对点

1. 终端联调的前期准备

（1）准备调试工器具。调试作业人员在开展调试工作前，应准备好相应的调试工具，如万用表、兆欧表、继电保护测试仪等，见表8-8。

表8-8　调试工器具表

序号	名称	数量	备注
1	二次回路耐压仪	1台	
2	万用表	1台	
3	兆欧表	2只	输出电压：500V
4	便携式电源线架	若干	带漏电保护器
5	试验警示围栏	若干	
6	标示牌（包括交通警示牌）	若干	
7	工具箱	1个	
8	试验测试线（绝缘导线、接地线等）	若干	
9	试验记录	若干	
10	电源线	1个	多股双芯2.5mm^{2}软线，长度3m
11	发电机	1台	现场无工作电源，需准备
12	继保仪	1台	精度：≥0.2s级
13	手提电脑	1台	
14	数据线	1个	RS232
15	网络线	1个	
16	万能表（钳表）	1个	可测量小数点后两位

（2）终端外观检查。外观检查是指在FTU终端没有进行试验前，对其进行整体的外观查看，检查的流程如图8-16所示。检查出FTU终端由于外力等其他因素造成的外部损坏时，应迅速的反馈给厂家解决，防止在FTU终端损坏时对其进行多项测试试验造成设备的永久性破坏和人员伤害等。外观检验的方法与步骤详见表8-9。

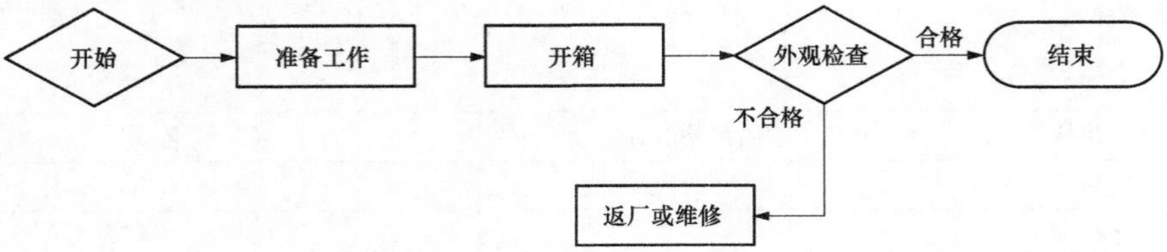

图8-16　作业流程图

表 8-9　　FTU 外观检验方法与步骤项目

序号	检验项目	检验内容及检验方法	不合格品处理
1	终端外观检查	检验项目： 1）机箱完整检查； 2）机箱紧固性检查。 检验方法： 1）设备外立面是否有损坏、破坏、结构变形、掉漆等； 2）设备内部是否有部件破损、松脱、掉落等； 3）产品铭牌是否清晰，型号是否与合同相符； 4）检查箱体各接地点连接是否可靠	联系供方返厂更换或维修
2	航插电缆	检验项目： 1）航插检查； 2）电缆检查。 检验方法： 1）检查航空插头，不应有开裂损坏痕迹； 2）检查二次电缆，不应由表面严重磨损破皮现象	联系供方返厂更换

2. 配电自动化馈线终端联调的联调对点

（1）遥信测试（包含动作试验验证）。遥信测试包括开关位置、FTU 手柄位置、短路（接地）故障信号。开关位置的传动方法为短接 FTU 航空插头的相应插针或开关实际动作变位，与主站核实开关位置变化；FTU 手柄位置的传动方法为直接拨动 FTU 手柄，与主站核实位置变化；短路（接地）故障信号的传动方法为在 FTU 航空插头相应插针处加模拟量触发故障信号，与主站核实动作情况。根据点表，依次核对每个遥信点的分合位置与主站是否一致，遥信变位后，主站对应的遥信点是否出现相同的变位。详细遥信功能调试项目见表 8-10。

表 8-10　　遥信功能调试项目

遥信点号	遥信名称	试验方法	备注
0	FTU 装置异常		终端自检信号
1	开关位置		
2	告警总		
3	接地故障	加故障零序电流值	
4	相间故障	加故障相间故障电流值	

续表

遥信点号	遥信名称	试验方法	备注
5	开关本体异常		终端自检信号
6	就地位置		
7	开关拒分	在开关合闸情况下，拔出开关底部的航插头，短接开关的合位置，此时手柄电动分闸，开关未分闸，即开关拒分	
8	手柄合/信号复归		
9	手柄分	终端手柄电动分闸	

(2) 遥测测试。遥测传动包括 $I_a/I_0/I_c$（$I_a/I_b/I_c$）电流和 U_{ab}/U_{bc} 电压。传动方法为在 FTU 航空插头相应插针处加模拟量，与主站核对遥测数据是否正确。遥测量的总准确度应不低于 1.0 级。根据点表，用继保测试仪给各路逐相加电流，电压，终端设备显示相应电流数值，并与主站维护人员确认与主站显示一致。详细试验方法见表 8-11。

表 8-11　　遥测试验项目

遥信点号	遥测名称	试验方法	备注
0	U_{ab}/U_{cb}	终端二次加 AC100V	
1	I_a	终端二次加 1A	
2	I_c	终端二次加 1A	
3	I_0	终端二次加 0.5A	

(3) 遥控测试。终端侧将 FTU 的“远方/就地”把手打到“远方”位置，合上遥控出口压板。主站侧确认开关遥信状态是否正常。按照预置、返校、执行的顺序从主站进行控分、控合操作，遥控成功率应为 100%，相应的遥信变位及 SOE 信号正确，且现场开关位置及指示灯显示正确。

遥控操作确认。遥控执行后需对遥控结果进行确认：遥控间隔开关遥信位置、遥测数据发生变化，告警窗中有正确的告警信息上传。

(4) 填写调试作业表单。根据设备运行维护单位 FTU 验收标准，按实际现场调试数据，调试完成后需填写 FTU 调试验收表》，表 8-12 给出了 FTU 调试验收样表，供参考。

表 8-12　　FTU 调试验收样表

<table>
<tr><td colspan="2">工程名称</td><td colspan="3"></td></tr>
<tr><td colspan="2">变电站名称</td><td></td><td>线路名称</td><td></td></tr>
<tr><td colspan="2">安装地理位置</td><td></td><td>安装杆号</td><td></td></tr>
<tr><td colspan="2">FTU/智能开关厂家</td><td></td><td>一次设备厂家</td><td></td></tr>
<tr><td colspan="2">FTU/智能开关型号</td><td></td><td>一次设备型号</td><td></td></tr>
<tr><td colspan="2">FTU/智能开关名称</td><td></td><td>一次设备名称</td><td></td></tr>
<tr><td colspan="2">出厂编号</td><td></td><td>一次设备编号</td><td></td></tr>
<tr><td colspan="2">相 TA 变比</td><td></td><td>PT 变比</td><td></td></tr>
<tr><td rowspan="4">（集中型）终端定值设置</td><td>速断定值（软件设定）</td><td></td><td>速断延时（软件设定）</td><td></td></tr>
<tr><td>过负荷定值（软件设定）</td><td></td><td>过负荷延时（软件设定）</td><td></td></tr>
<tr><td>过流定值（拨码设定）</td><td></td><td>过流延时（拨码设定）</td><td></td></tr>
<tr><td>零序定值（拨码设定）</td><td></td><td>零序延时（拨码设定）</td><td></td></tr>
<tr><td rowspan="2">（集中型）终端通信设置</td><td>通信方式</td><td>□无线　□光纤</td><td>IP 地址</td><td></td></tr>
<tr><td>FTU 地址</td><td></td><td>通信规约</td><td>□平衡式 101
□非平衡式 101
□东芝规约
□104</td></tr>
<tr><td rowspan="3">功能验收</td><td>通信通道</td><td colspan="2">1）与主站规约一致：与模拟主站或主站通信无错误应答报文为“合格”；
2）通信功能光纤或无线通道：要求通过光纤或无线通道与主站通信的误码率小于百万之一。在实际测试传动期间无误码现象发生为“合格”</td><td>□合格
□不合格</td></tr>
<tr><td>遥信传动</td><td colspan="2">1）遥信量：开关位置信号、开关储能状态、手柄复位/合/分位置信号、远控压板、远方投退、告警（速断、过流、过负荷、零序）；
2）在开关停电期间从开关接点传动所有遥信，模拟主站或主站系统接收遥信变位，全部正确为“合格”</td><td>□合格
□不合格</td></tr>
<tr><td>遥控传动</td><td colspan="2">在开关停电期间通过模拟主站或主站对开关进行遥控传动，全部成功为“合格”，无遥控功能的终端设备填“无”</td><td>□合格
□不合格</td></tr>
</table>

续表

功能验收	遥测核对	1）遥测量：I_a、I_b、I_c、I_0、U_{ab}、U_{cb}、P、Q、功率因数及蓄电池电压。 2）在调试期间，通过模拟主站显示遥测数据与在线校验仪或盘表进行核对，数据基本准确为“合格”，无遥测功能的终端设备填“无”	□合格 □不合格
	事件顺序记录	遥信变位时检查事件顺序记录和 SOE 主动上报功能。全部正确为“合格”	□合格 □不合格
资料检查	施工图	二次电缆接线应与设计图纸一致，保证连接、接线正确，如图纸有误，须对图纸上进行修正并标明，符合要求填“合格”	□合格 □不合格
	产品证书	产品合格证、质量保证体系文件、现场安装调试记录，符合要求填“合格”	□合格 □不合格
备注			
施工单位		日期	
设备厂家		日期	
验收人员		日期	
说明：本单一式两份（红白两联），白单工程部归档，红单自存或客户留底。			

三、智能开关四区系统调试

1. 智能开关四区设备安装

模块路径：导航→终端管理→调试管理→装置安装。

该模块主要对除配电变压器终端外的配网设备进行安装操作。步骤如下：

（1）选择设备树上某个节点（节点须由 PMS 新建，同步至主站），点击“添加终端”，界面如图 8-17 所示。

（2）选择终端：在右边终端区域选择终端，填写相关信息，点击添加，之后终端信息区域显示该终端信息，点击下一步进入 SIM 卡界面，如图 8-18 所示。

（3）SIM 卡：可通过卡号查询 SIM 卡，也可以直接选择列表里未使用的 SIM 卡，点击下一步，如图 8-19 所示。

（4）选择监测点：选择所需物料类型，之后选择监测点，点击添加，智

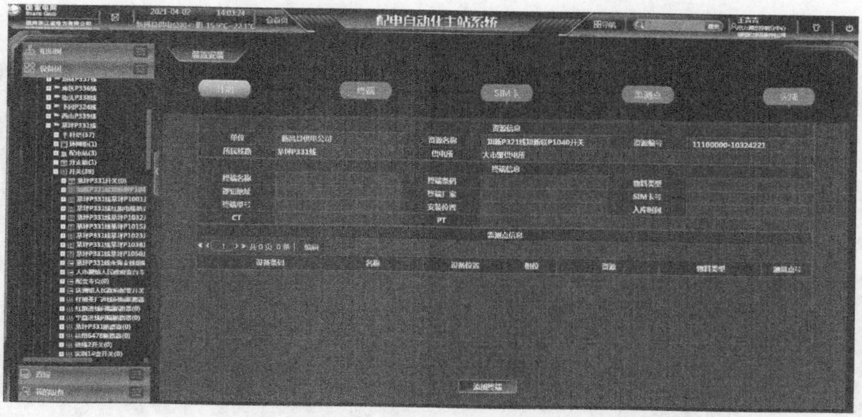

图 8-17　添加智能开关终端

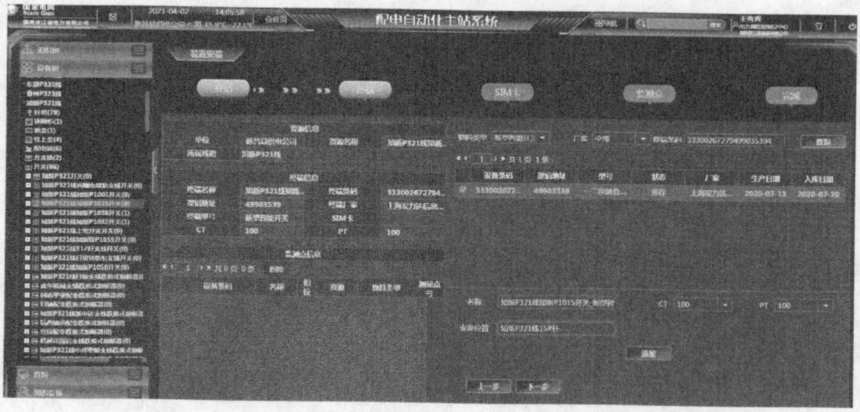

图 8-18　选择智能开关终端

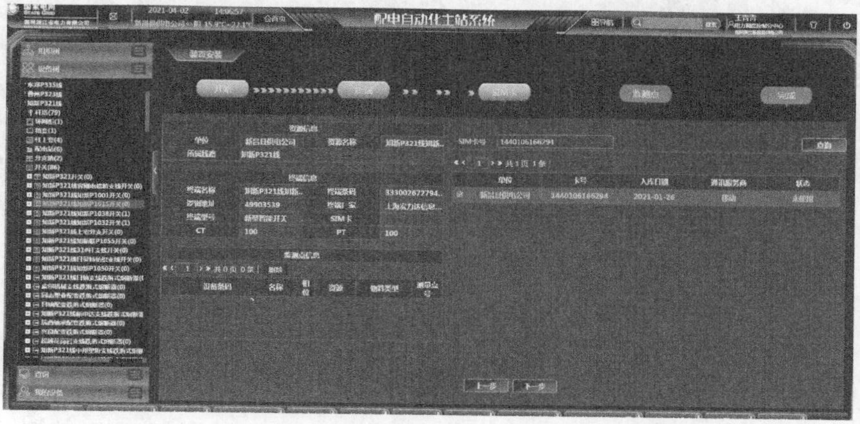

图 8-19　SIM 卡选择

能开关只能添加一个监测点，如图 8-20 所示。

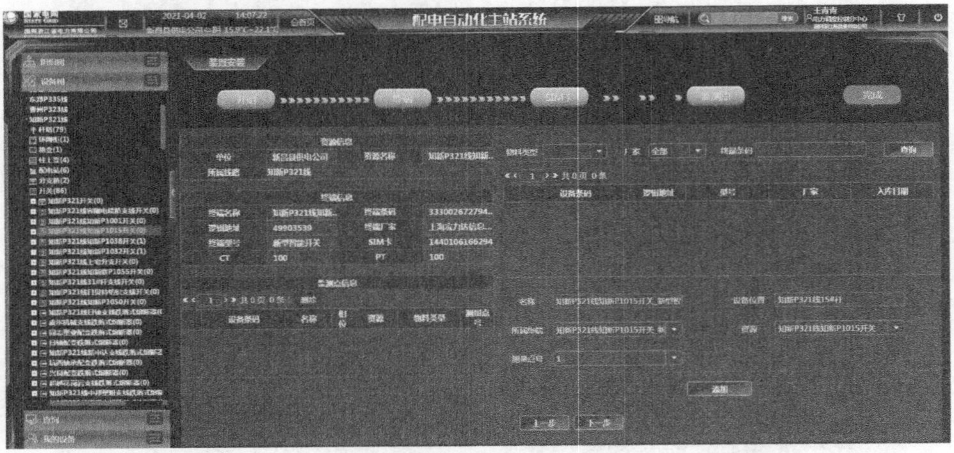

图 8-20　监测点添加

（5）添加完监测点之后点击下一步，核对安装信息，确认点击完成，确认安装，安装成功。或返回上一步修改安装信息，如图 8-21 所示。

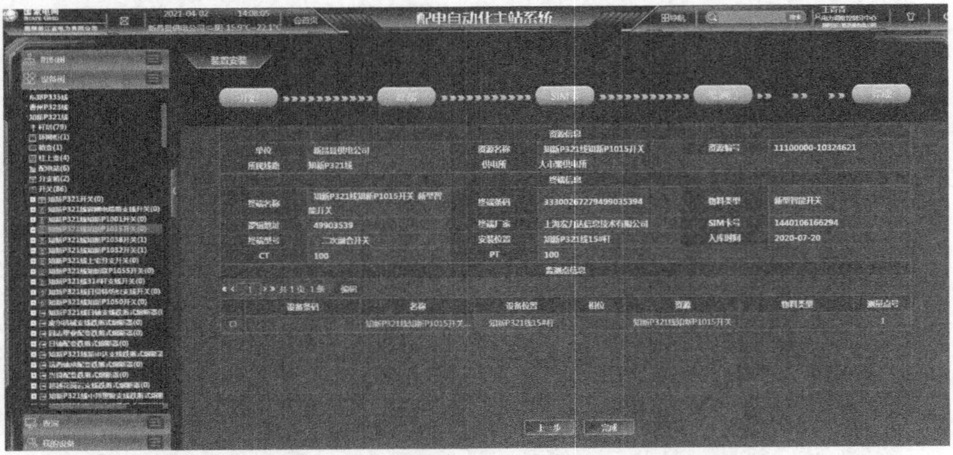

图 8-21　完成安装

2. 配电自动化Ⅳ区主站装置调试

模块路径：终端管理→调试管理→装置调试。

该模块主要是对安装、更换后的配网设备，在自动调试失败时启动手工调试操作，并查看调试过程明细。界面如图 8-22 所示。

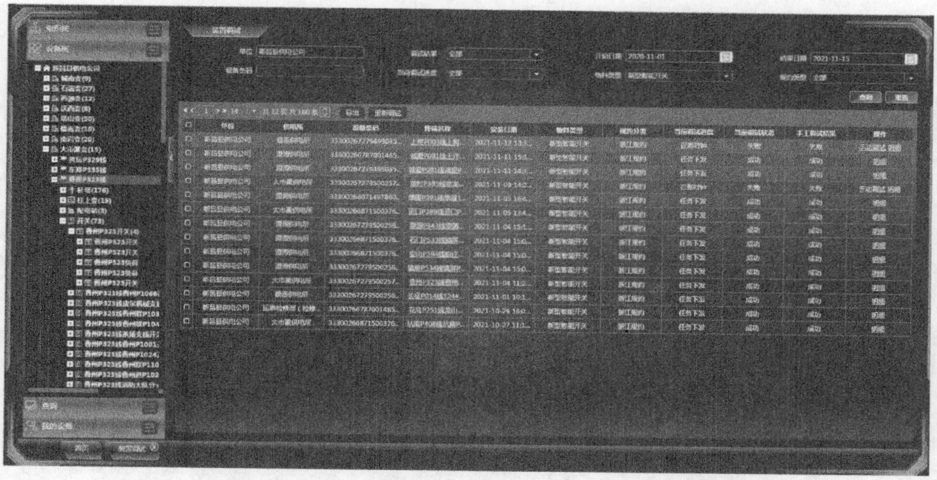

图 8-22　装置调试

3. 配电自动化Ⅳ区主站测量点拆除

模块路径：终端管理→调试管理→测量点拆除。

该模块主要可对除配电变压器终端外的配网设备进行拆除操作。步骤如下：

（1）双击终端节点，显示终端信息，监测点信息，如图 8-23 所示。

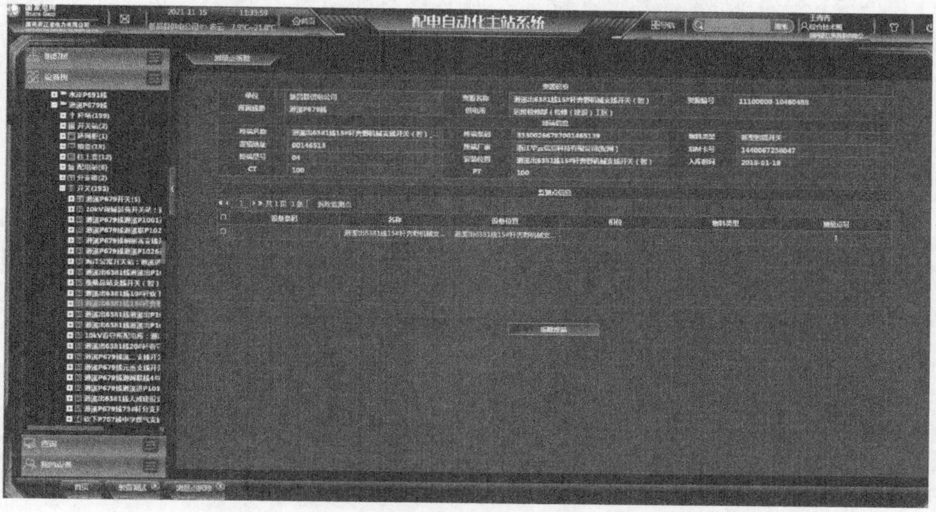

图 8-23　选择终端

（2）点击拆除终端，将该终端下的监测点全部拆除。拆除终端这项功能，点击时注意系统中只有运行状态的终端才能点击拆除，如图 8-24 所示。

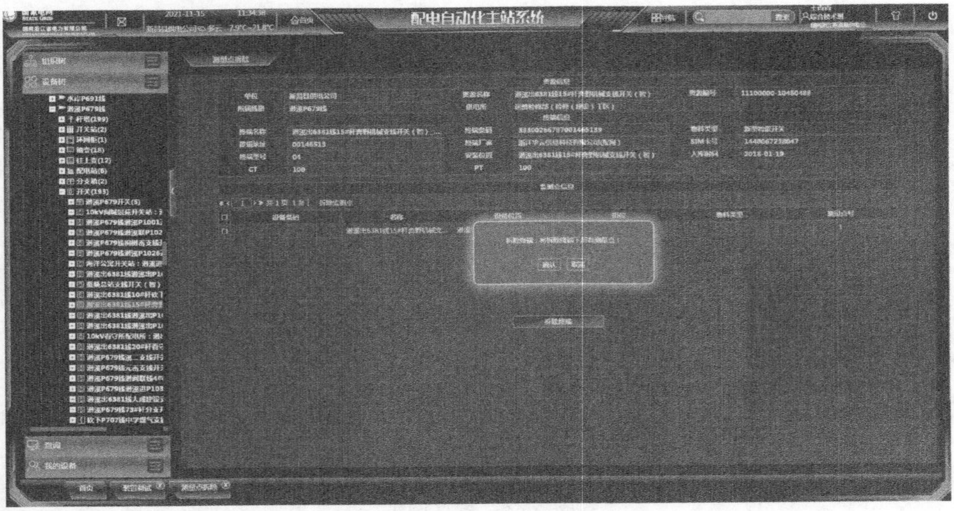

图 8-24　终端拆除

第四节　故障指示器设备调试及验收

本节包含了故障指示器设备工艺验收以及系统安装调试，帮助学员掌握不同类型故障指示器设备验收、调试等相应流程。

一、故障指示器设备验收要点

1. 安装整体验收

远传型故障指示器主要安装在架空线路的负荷侧，控制终端与采集器之间的距离保持在 5m 之内，可以更好地保证数据的质量。确保太阳能终端面板朝南，确保光照充足；确保指示器悬挂位置为负荷侧；确保远传型故障指示器安装点位 GPRS 信号良好通信正常。

2. 安装资料验收

(1) 现场设备与现场安装档案对比。按照档案归档要求整理安装档案（如图 8-25 所示）：安装点位（地市局、区县、变电站、线路名称、支线、杆号），设备信息（终端编号、RF 源地址、A 相编号、B 相编号、C 相编号、终端条码、终端逻辑地址、A 相条码、A 相逻辑地址、B 相条码、B 相逻辑地址、C 相条码、C 相逻辑地址、SIM 卡卡号、SIM 卡串号、绑定 IP 地址），安装结果（是否上线），安装日期。要求安装点位与设备信息一一对应。

序号	地市	区县	变电站	供电所	安装位置			数据采集终端	
					线路名称	支线（若无则空置）	杆塔（安装点）	终端条码	终端逻辑地址
1	丽水市	缙云县	雁门变	壶镇供电所	10kV聚雁G333线		39#	33300268966001288445	00128844

A相故障指示器		B相故障指示器		C相故障指示器		专网SIM卡		经纬度	
A相条码	A相逻辑地址	B相条码	B相逻辑地址	C相条码	C相逻辑地址	SIM卡卡号	绑定IP地址	北纬	东经
33300278966003201814	00320181	33300278966003201821	00320182	33300278966003201838	C0320183	106472489190	171.50.22.53	28° 47′ 56″	120° 12′ 36″

安装日期	是否上线	备注
2018.1.10	是	安装大号侧

图 8-25　安装档案图

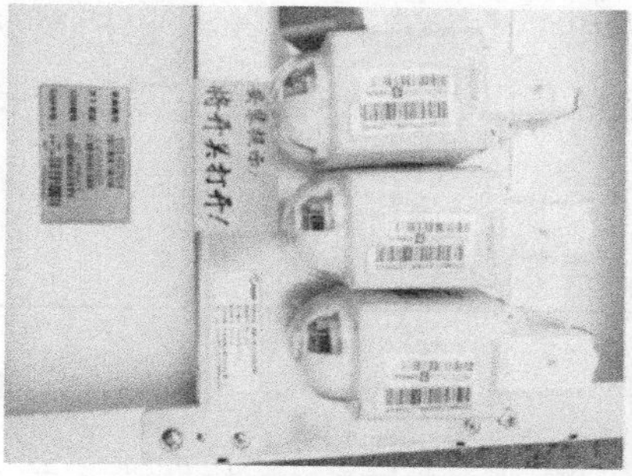

(a) 开箱后设备外观

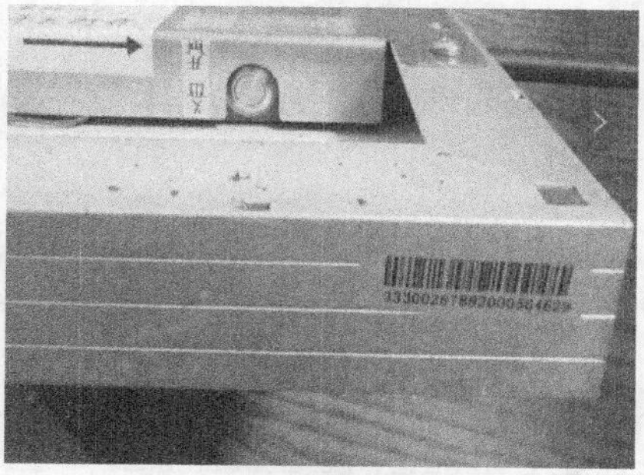

(b) 汇集单元开关及指示

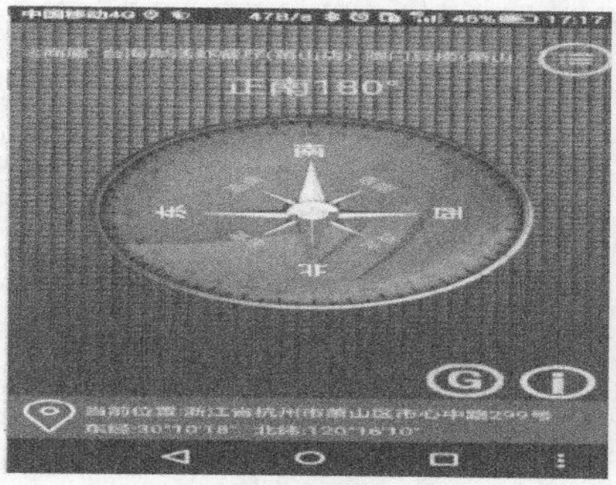

(c) 现场安装指南针方位

(d) 安装位置杆号

(e) 安装后远景

(f) 安装后近景

图 8-26　安装位置对比图

每套设备安装完成后一一核对如图 8-26 所示的共 6 张照片，内容包括分别是：开箱后设备外观、汇集单元开关及指示、现场安装指南针方位、安装位置杆号、安装后全景（远近个各一张）。安装人员应确保照片图片清晰，真实有效。图片和安装文档需逐一进行核对，看安装位置是否统计错误。同时，配电自动化Ⅳ主站系统需保证装接准确，确保设备上线，且确认三相电流数据是否正常、是否平衡。当故障指示器全部完成时，按照线路整理竣工报告及竣工资料。

（2）其他相关资料记录。查看并收集相关检测记录等资料，包括现场设备产品合格证书、系统安装调试记录、故障指示器试验报告等。系统安装调试记录见表 8-13。

表 8-13　　系统安装调试记录

地市		区县	
供电所			
设备部件是否完整			
安装位置			
设备是否正常上线			
设备三相电流值		设备三相电流是否平衡	
终端太阳能面板朝向		指示器悬挂位置	
现场调试意见			
填写人：		填写日期：	

3. 系统档案验收

系统内故障指示器台账清单需要与现场安装档案台账清单相一致，包括故障指示器数量、故障指示器逻辑地址等。系统内故障指示器台账查询路径：导航→终端管理→台账查询，在跳出的界面中，节点选择相应的目标地区，设备类型选择故障指示器，设备状态选择运行，如图 8-27 所示。

根据台账清单内故障指示器，核查其设备履历是否与现场档案相一致。设备履历查询路径：左侧界面点击查询→二次侧设备→输入逻辑地址→点击查询→右击查询结果选择设备履历查询，如图 8-28 所示。

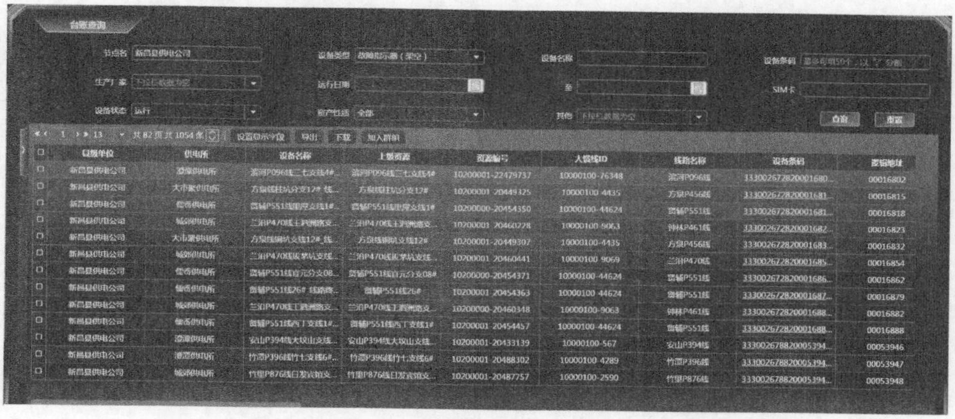

图 8-27　系统档案验收界面 1

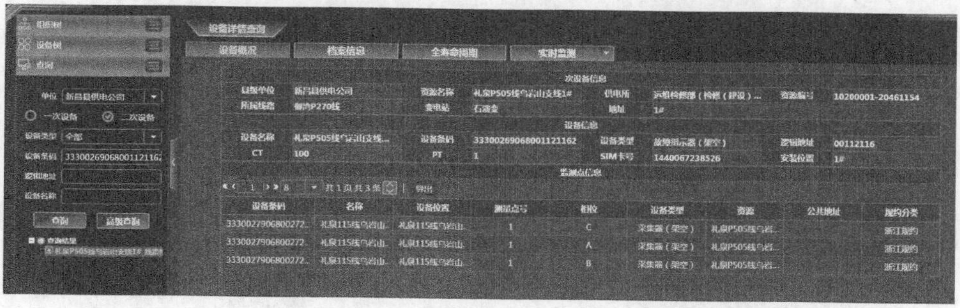

图 8-28　系统档案验收界面 2

二、故障指示器系统调试

1. 系统档案安装

模块路径：导航→终端管理→装置安装，步骤如下：

（1）定位杆塔：在左边树查询→一次设备→资源名称输入线路名称及杆塔号，如图 8-29 所示，“礼泉 P505 线钨岩山支线 1＃”→查询→选择查询结果→点击线路名称→鼠标右键→定位。

（2）确定确切安装位置：通过现场安装人员安装资料可以得知故障指示器安装杆号→在左边树查询定位杆塔→找到定位出的线路名称→点击线路名称前“＋”出现“杆塔”→双击杆塔杆号→装置安装“开始”栏资源名称为线路名称及杆号→添加终端，如图 8-30 所示。

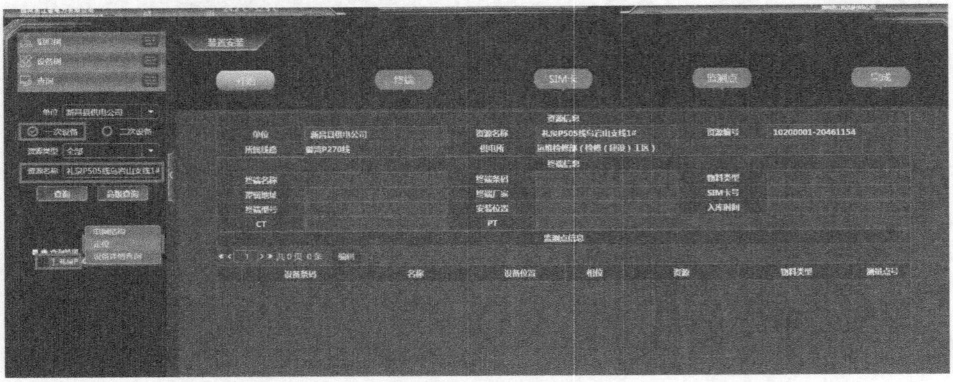

图 8-29　定位杆塔

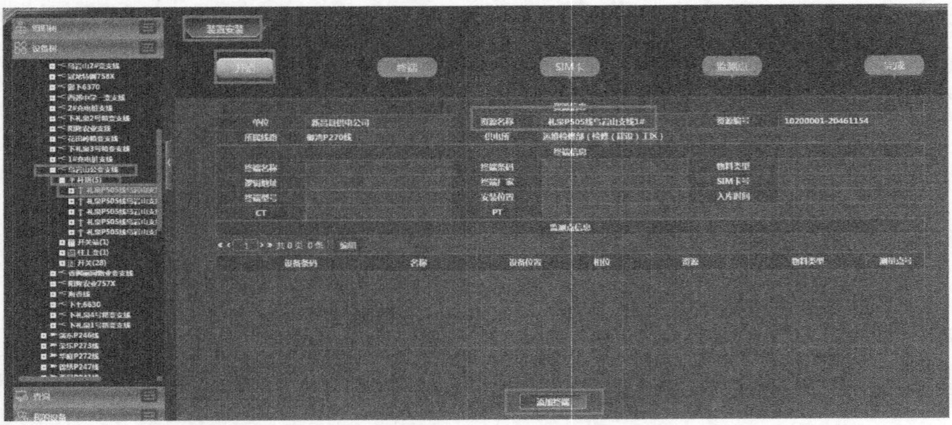

图 8-30　确定安装位置

（3）添加故障指示器（架空）终端：物料类型：故障指示器（架空）→终端条码：输入调配好的设备条码→查询→勾选查询后的终端条码→名称选择默认→安装位置与杆塔安装位置名称一致→点击添加→使左边出现终端信息→点击下一步，如图 8-31 所示。

（4）添加 SIM 卡：输入 SIM 卡号→查询→勾选出现的 SIM 卡号→点击下一步，如图 8-32 所示。

（5）添加故障指示器采集单元（架空）：按 A、B、C 三相不同的指示器条码查询→勾选后再下方选择相应的相位→确认无误后点击添加→左边监测点信息便会出现一条记录→三相的指示器依次添加完毕→点击下一步如图 8-33 所示。

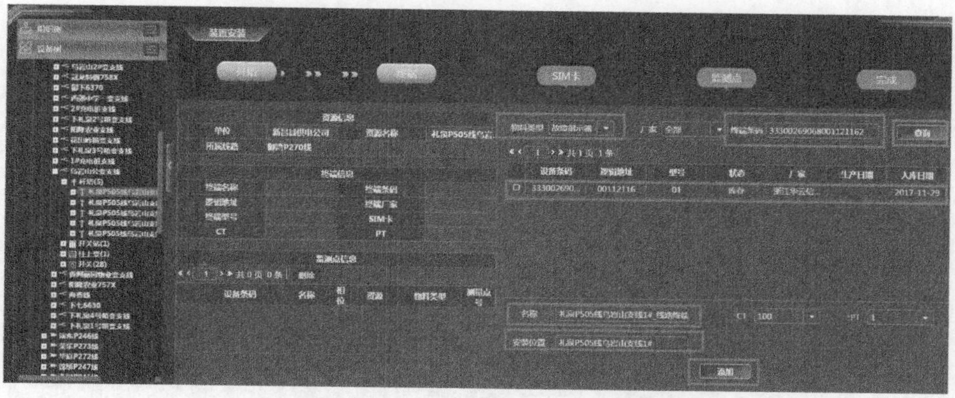

图 8-31　添加故障指示器（架空）终端

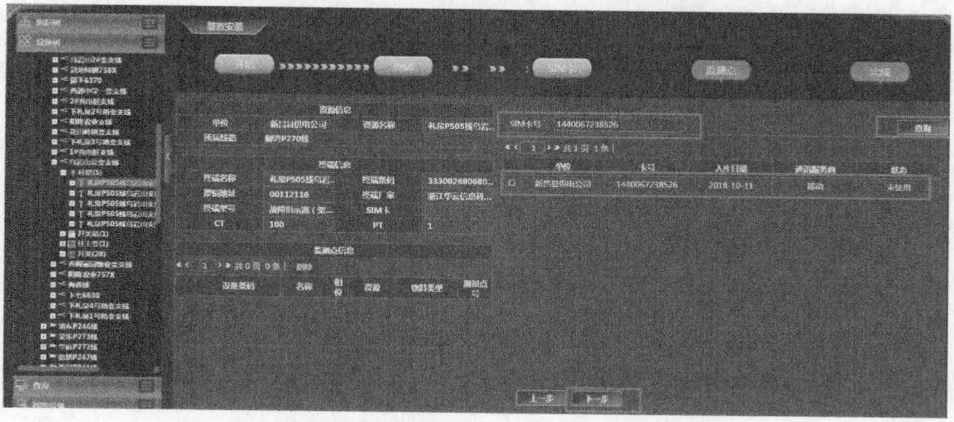

图 8-32　添加 SIM 卡

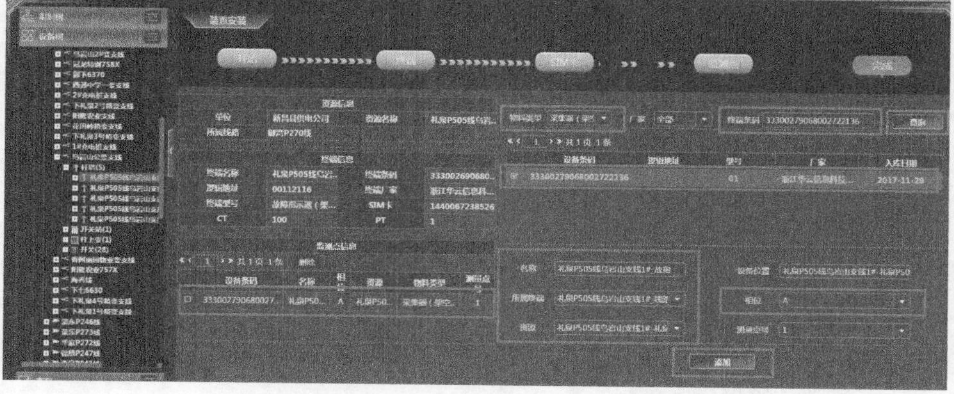

图 8-33　添加故障指示器采集单元（架空）

(6) 确认安装信息：确认信息无误→点击确认安装→确认安装后流程结束；若确认信息有误→点击上一步→到相应界面进行修改，如图 8-34 所示。

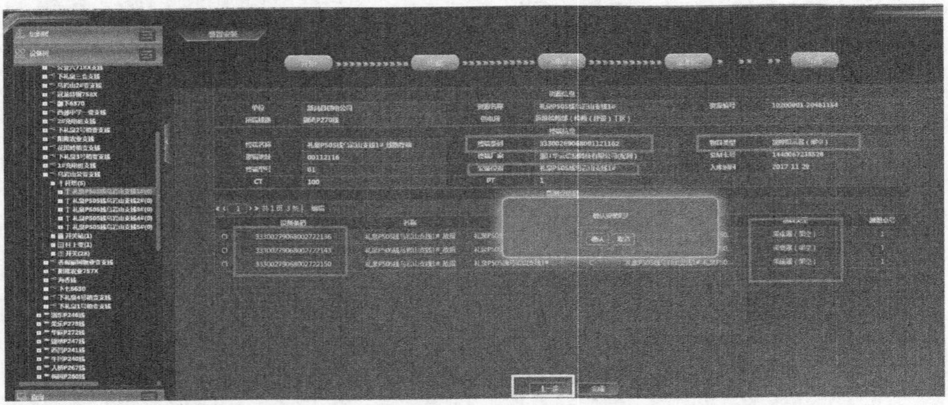

图 8-34　确认安装信息

2. 系统装置调试

模块路径：终端管理→调试管理→装置调试。

该模块主要是对安装、更换后的配网设备，在自动调试失败时启动手工调试操作，并查看调试过程明细。具体步骤输入设备条码→物料类型：故障指示器（架空）→查询→勾选查询结果→在“操作”栏选择“手动调试”→调试成功即可。查看调试过程明细界面如图 8-35 所示。

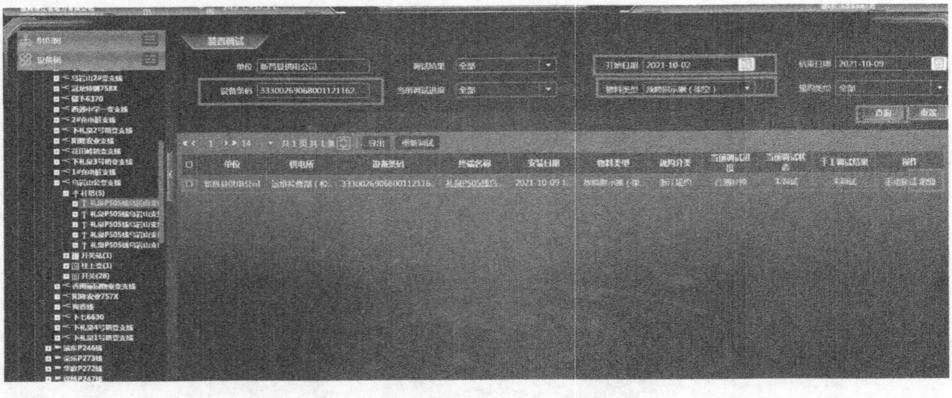

图 8-35　查看调试过程明细界面

3. 测量点拆除

模块路径：终端管理→调试管理→测量点拆除。

该模块主要可对除配电变压器终端外的配网设备进行拆除操作。步骤如下：

（1）双击终端节点，显示终端信息及监测点信息，测试点拆除界面如图 8-36 所示。

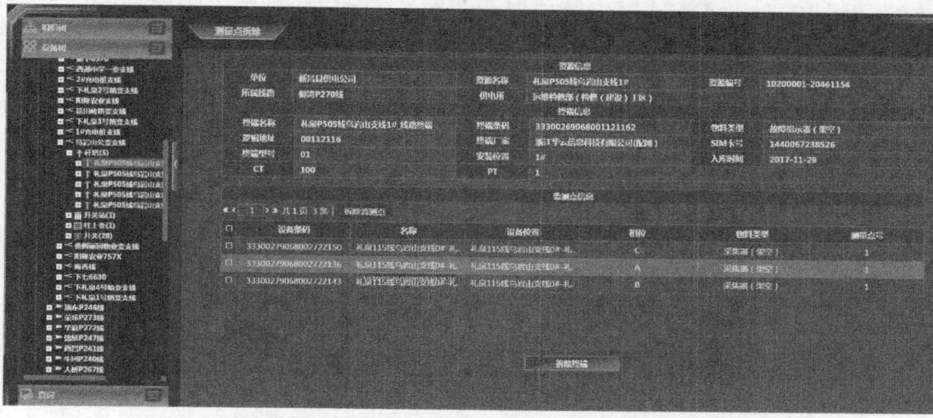

图 8-36　测试点拆除界面 1

（2）点击拆除终端，将该终端下的监测点全部拆除，如图 8-37 所示。拆除终端这项功能，点击时注意系统中只有运行状态的终端才能点击拆除。

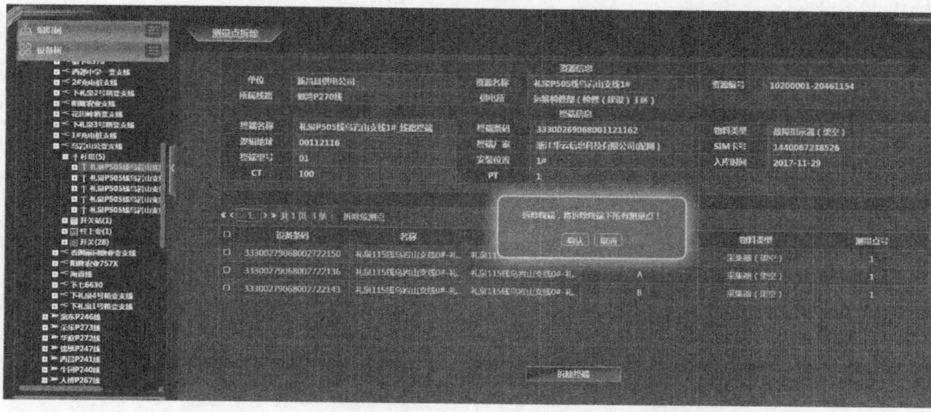

图 8-37　测试点拆除界面 2

附录 A　DTU“三遥”终端及辅助设备的结构和安装典型示意图

DTU 屏安装位置示意图 1（对应于配电工程典型设计方案：10-KB-1-A 方案）见图 A-1-1；DTU 屏安装位置示意图 2（对应于配电工程典型设计方案 10-KB-2-A）见图 A-1-2；DTU 屏安装位置示意图 3（对应于配电工程典型设计方案 10-BP-2 方案）见图 A-1-3；组屏式 DTU 屏外观结构示意图见图 A-1-4；遮蔽立式站所终端外观设计图（航插方式）见图 A-1-5；遮蔽立式站所终端内部结构示意图（航插方式）见图 A-1-6；铭牌外观设计图见图 A-1-7；预控回路原理图见图 A-1-8；遮蔽立式端子排定义见图 A-1-9；组屏式端子排定义见图 A-1-10。

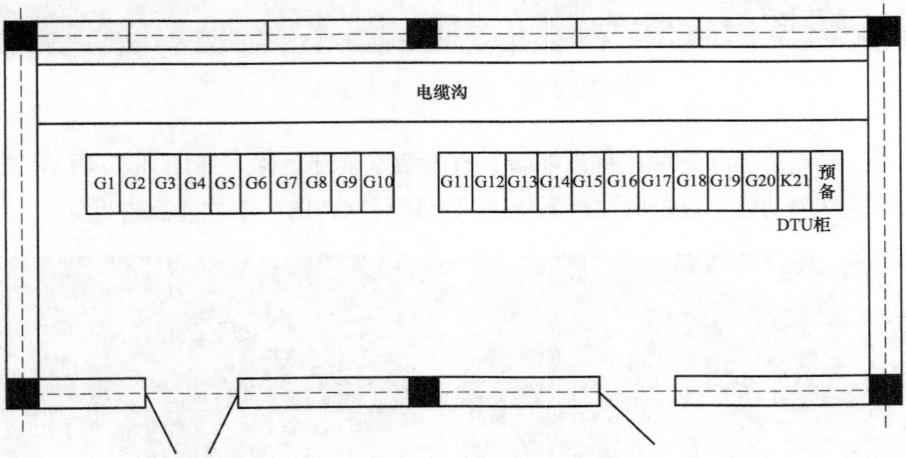

序号	名称	单位	数量	设备编号
1	TV柜	台	2	G1,G20
2	环入柜	台	2	G2,G19
3	环出柜	台	2	G3,G18
4	馈线柜	台	12	G4～G9；G12～G17
5	DTU屏	台	1	K20

图 A-1-1　DTU 屏安装位置示意图 1（对应于配电工程典型设计方案：10-KB-1-A 方案）

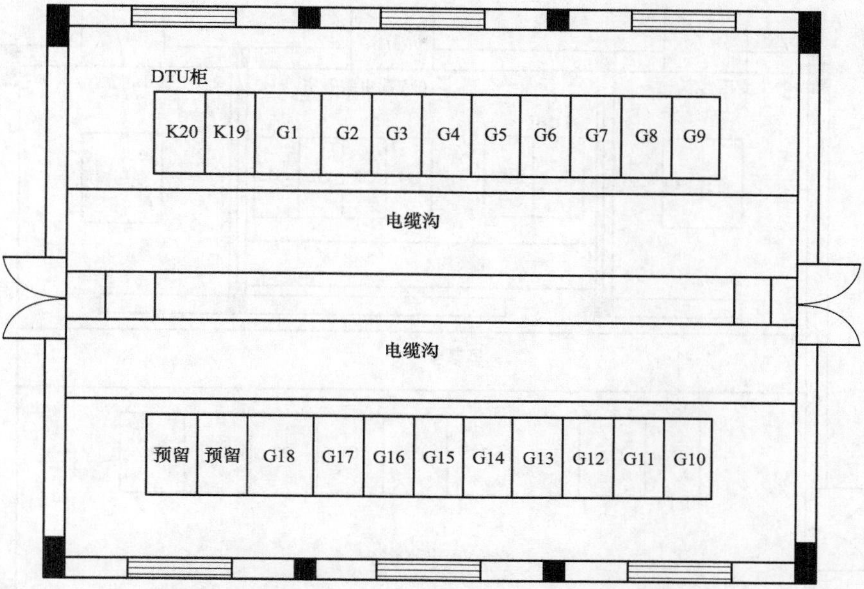

序号	名称	单位	数量	设备编号
1	站用变柜	台	2	G1,G18
2	母线设备柜	台	2	G2,G17
3	出线柜	台	10	G3～G7,G12～G16
4	进线柜	台	2	G8,G11
5	分段柜	台	1	G9
6	分段隔离柜	台	1	G10
8	自流屏	台	1	K19
9	DTU柜	台	1	K20

图 A-1-2　DTU 屏安装位置示意图 2（对应于配电工程典型设计方案 10-KB-2-A 方案）

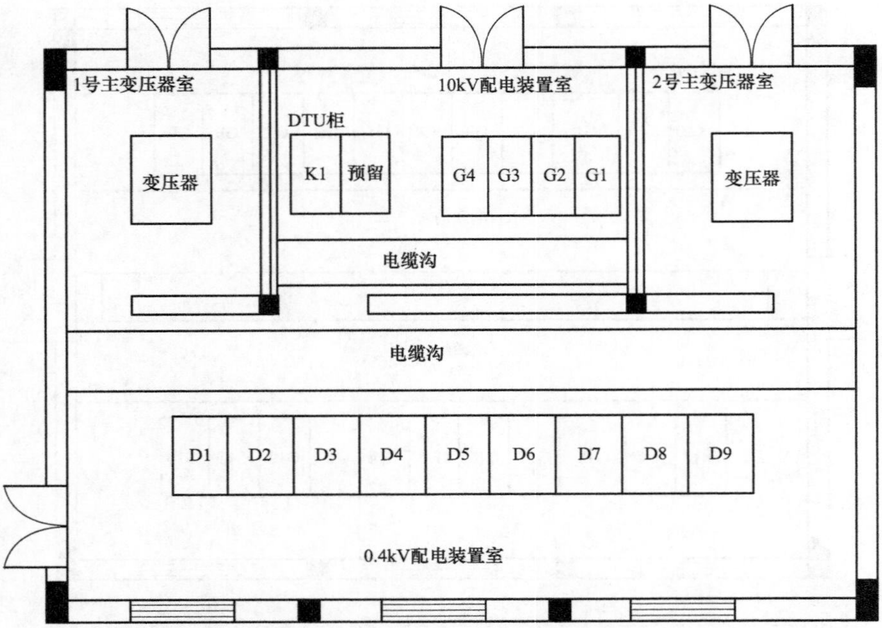

序号	名称	单位	数量	设备编号
1	10kV环入柜	台	1	G1
2	变压器开关柜	台	2	G2,G3
3	10kV环出柜	台	1	G4
4	0.4kV进线柜	台	2	D1,D9
5	0.4kV出线柜	台	4	D3,D4,D6,D7
6	电容器柜	台	2	D2,D8
7	0.4kV母线联络柜	台	1	D5
8	DTU柜	台	1	K1

图 A-1-3 DTU 屏终端位置示意图 3（对应于配电工程典型设计方案 10-BP-2 方案）

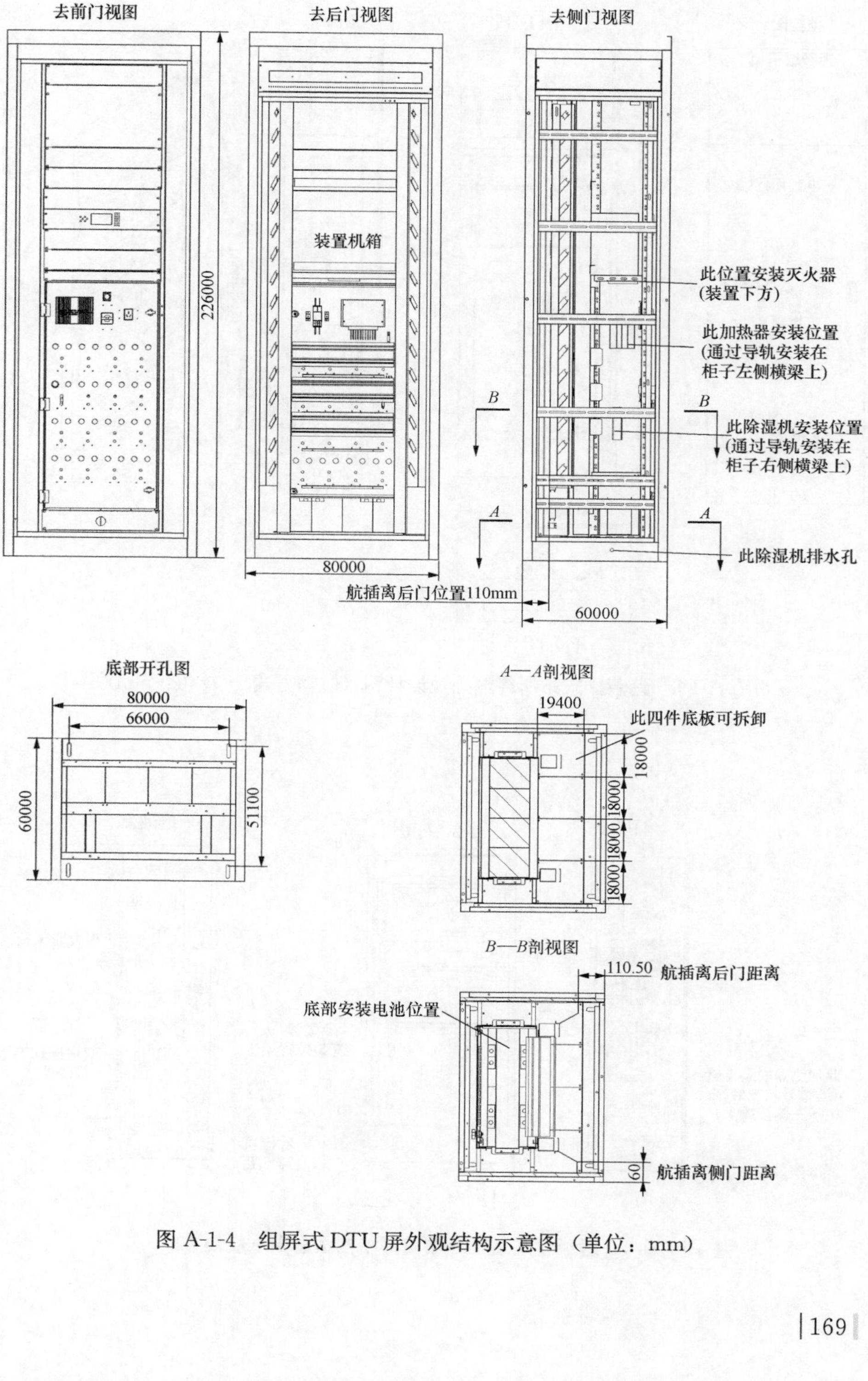

图 A-1-4　组屏式 DTU 屏外观结构示意图（单位：mm）

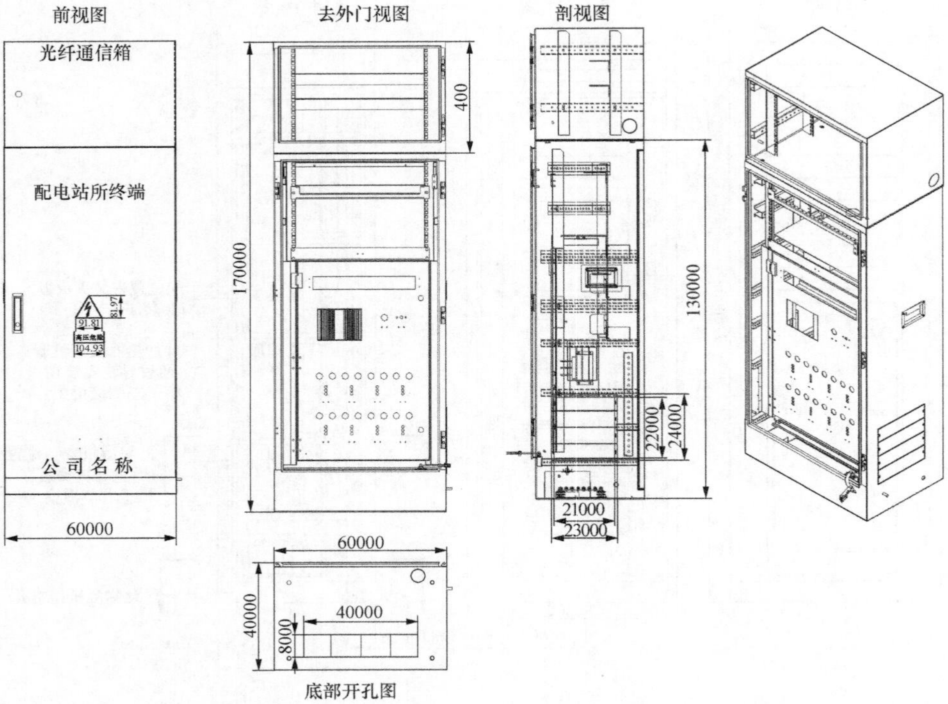

图 A-1-5　遮蔽立式站所终端外观设计图（航插方式）（单位：mm）

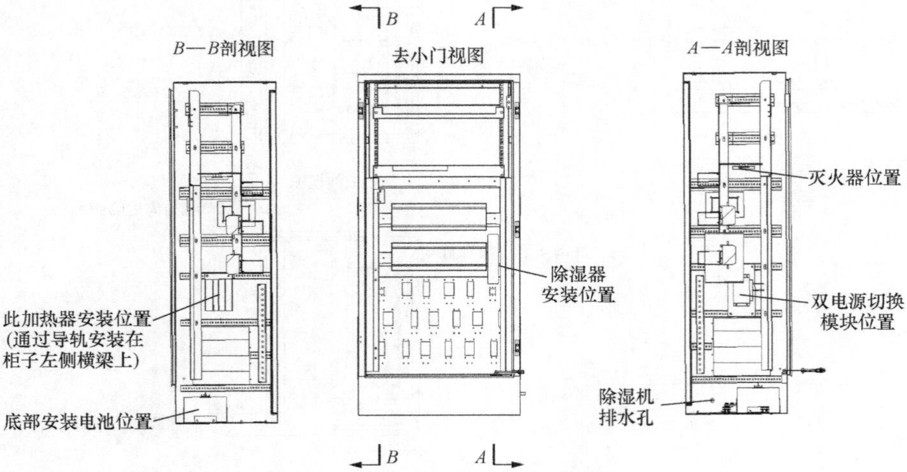

图 A-1-6　遮蔽立式站所终端内部结构示意图（航插方式）

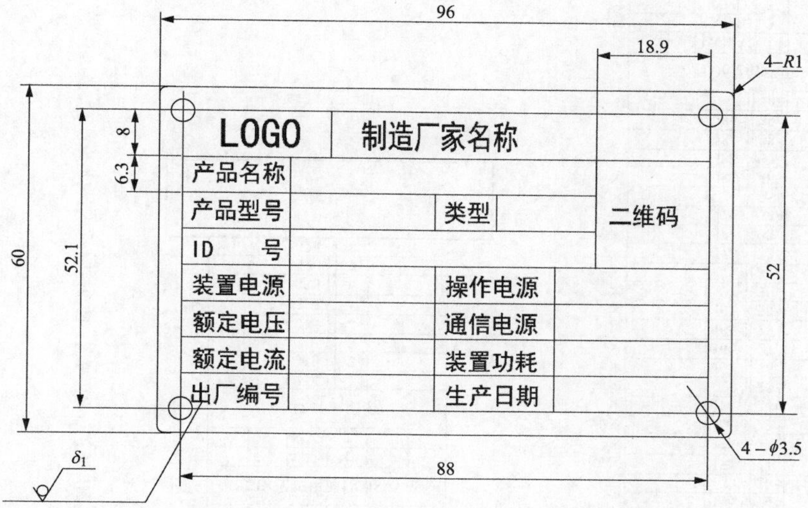

图 A-1-7　铭牌外观设计图（单位：mm）

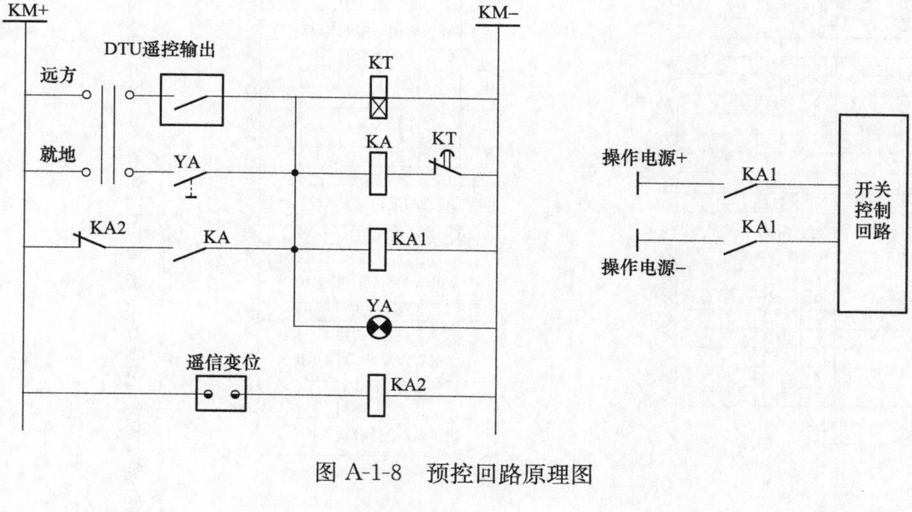

图 A-1-8　预控回路原理图

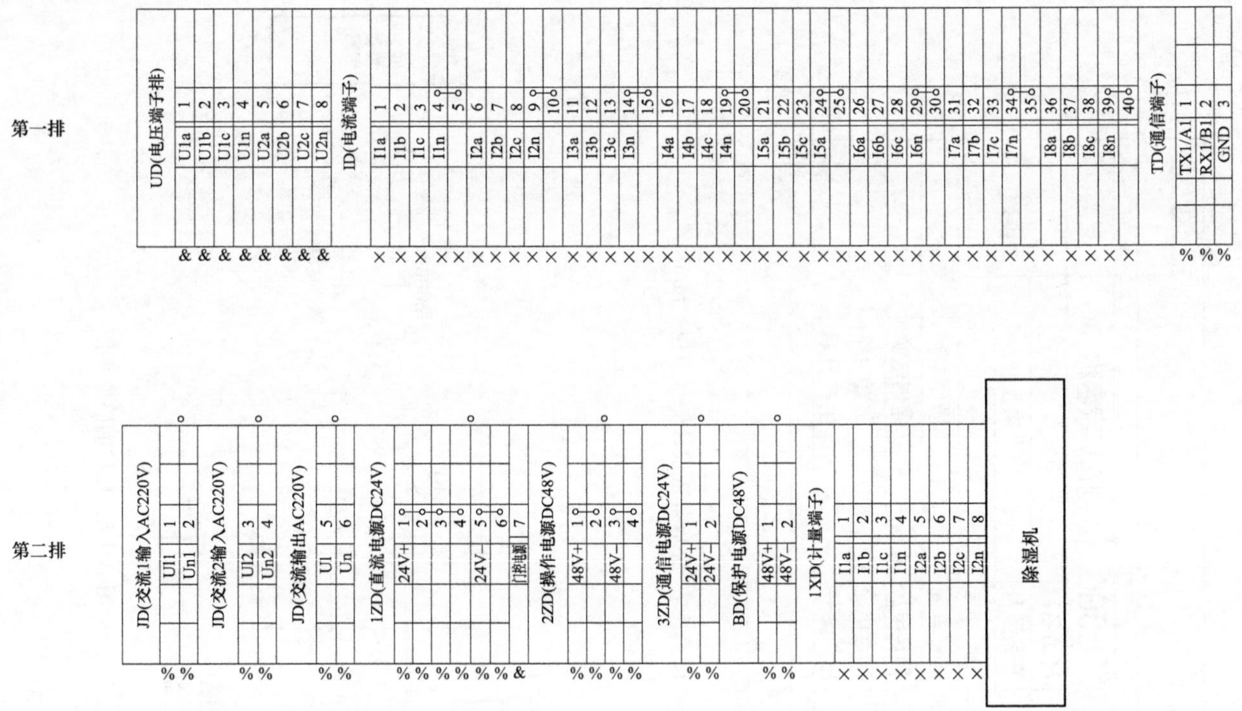

说明：
图中标“×”用电流试验端子；标“&”用保险丝端子； 标“%”用双层端子；标“O”加隔离片将正负电源隔离，防止短路；未标记均为普通贯通端子

图 A-1-9　遮蔽立式端子排定义

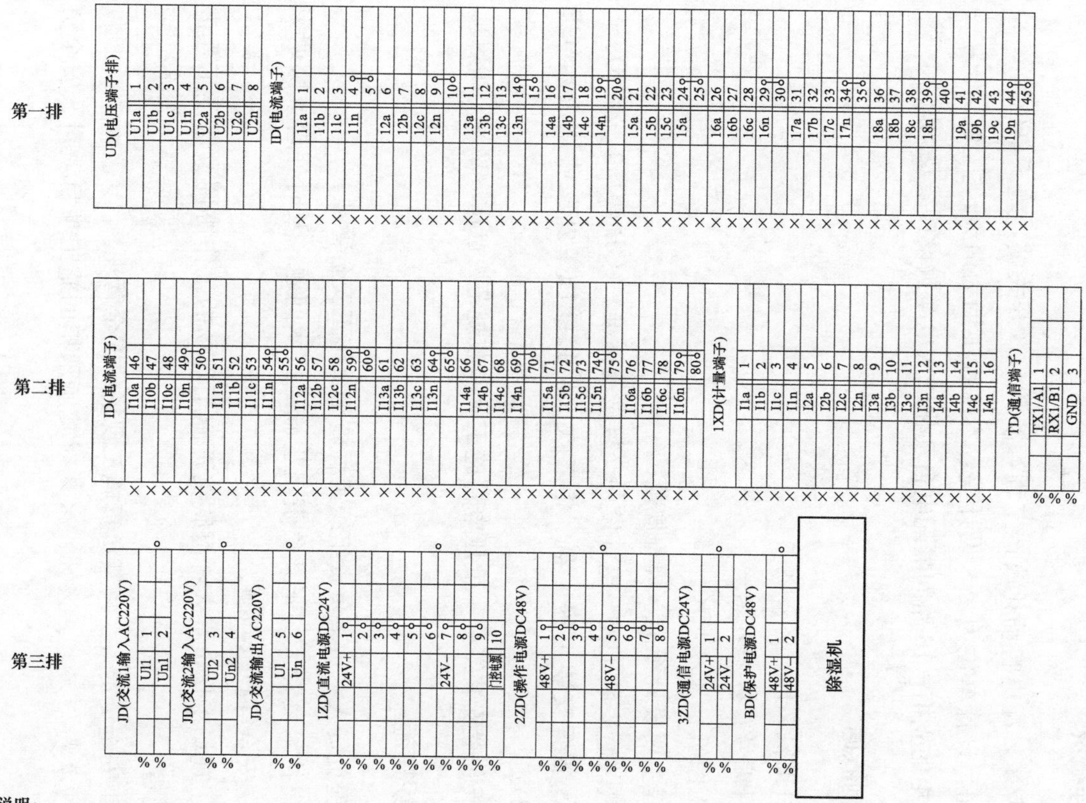

说明：

图中标“×”用电流试验端子；标“&”用保险丝端子；标“%”用双层端子；标“O”加隔离片将正负电源隔离，防止短路；未标记均为普通贯通端子

图 A-1-10　组屏式端子排定义

附录B　××供电公司配电自动化改造工程“三措一案”

一、工程概况

本项目为××配电自动化改造工程，涉及××开关站，施工单位为××电气有限公司，设计单位为××设计院，本工程工期为两天，主要工作为一台1控16屏柜的立柜，16路间隔配电自动化二次电缆敷设接线及调试。

二、编制依据

（1）项目批复文件：××××。

（2）项目编号：××××—××××。

（3）施工图纸：××××。

（4）工程主要设计标准、规程规范：

1）《电气装置安装工程　电气设备交接试验标准》（GB 50150—2016）。

2）《电气装置安装工程　盘、柜二次回路接线施工及验收规范》（GB 50171—2012）。

3）《电气装置安装工程　低压电器施工及验收规范》（GB 50254—2014）。

三、组织措施

（1）工程负责人：黄某负责组织工程施工及施工安全管理。

（2）工程技术负责人：张某负责工程施工技术问题，及时处理或协调影响施工质量、安全等技术问题。

（3）施工现场工作负责人：恒欣负责施工现场的工作协调及保证工程进度和安全、质量。

（4）施工安全负责人：蒋某负责施工现场的安全管理。

（5）施工人员：××、××、××对其所承担的施工项目质量、安全负直接责任。

四、安全措施

1. 施工组织管理方面

（1）进入现场工作前，组织施工人员认真学习“国网浙江省电力公司作业安全十条禁令”。

（2）认真执行“三交三查”制度，工作负责人每天工作前必须对安全措施逐一认真检查，现场项目负责人必须对每天工作任务、安全注意事项等进行详细班前交底，同时还应列出工作地点，邻近带电运行设备区域的危险点，加以控制和防范，做好相应的安全措施。

（3）各工作面必须明确负责人，对所分担工作任务全程负责，如遇特殊情况需要离开本工作面，需做好待续工作的移交手续，确保后续工作如期、顺利进行。

（4）创造良好施工环境，以“六化”为标准创建“标化”施工工地，严格管理施工人员的文明行为。

2. 工程现场管理方面

（1）现场安全监督员、专责监护人等必须加强监护，施工人员作业必须与带电设备保持足够的安全距离 10kV≥0.7m，切勿误入间隔。

（2）认清设备位置，严防误碰其他运行设备。

（3）传动试验前，工作负责人应在传动设备上设置“传动试验中!”标示牌，并告知现场施工人员；一次通流试验前，工作负责人应在通流设备上设置“通流试验中!”标示牌，并告知现场施工人员。

（4）短接电流回路必须使用专用的短接片或短路线，严禁用导线缠绕，在工作前要认真检查短路线，不得有断开或虚焊现象。

（5）试验装置的金属外壳应可靠接地。

（6）试验电源安全控制。内容如下：

1）调试电源必须接在变电站合格（装有剩余电流保护器）的电源箱内，禁止在现场电气设备上接取调试电源，拆接电源应由电气专业人员进行并有专人监护；

2）禁止将电线直接插入插座内使用，严格禁止用其他金属丝代替熔丝及一火一地的接线方式；

3）连接电动机械或电动工具的电气回路应设开关或插座，并设有保护装置，移动式电动机械应使用软橡胶电缆；

4）电源板上的接线柱、开关、插座等必须完好，严禁裸露。

（7）严格执行有关的继电保护及电网安全自动装置检验规程、规定和技术标准。控制盘、继电盘、交直流盘等，电缆（光缆）穿孔应堵死。工作间断应采取临时措施将孔洞堵死。应有防止联跳回路误动的安全措施。认清设备位置，严防误碰其他运行设备。

(8) 认真执行二次工作安全措施票，对工作中需要断开的回路和拆开的线头应在与监护人核对后，逐个拆开并用绝缘物包好，做好标志，恢复时履行同样的手续，逐个打开绝缘物后接好，并做好标记，防止遗漏。

(9) 工程施工中必须确保作业人员有良好的精神状态，做好各项安全保障措施，防止高空坠落。高处作业必须使用合格的安全带。

(10) 电焊、气割使用应做好防火和消防工作，在工作场所配备足够的消防器材。

(11) 二次电缆（光缆）敷设必须有专人指挥，在做好电缆（光缆）防护的同时，工作人员之间相互监护，防止电缆（光缆）支架、电缆（光缆）盖板误伤人员。

(12) 二次电缆（光缆）孔洞开凿须有专人监护，防止砸伤运行电缆（光缆），孔洞开启后应及时封堵，严防小动物。

(13) 搬运梯子等长物，应二人放倒搬运，并保持与带电设备的有足够的安全距离。

3. 外来人员管理方面

临时施工人员及厂家服务人员随工作班进入现场正式开展工作前，需先学习施工方案，工作负责人应根据现场实际向其交代安全措施、带电部位、危险点和安全注意事项，并履行工作票手续。厂家服务人员应穿着规范，禁止穿短袖进入现场，工作前需填写《厂家人员现场安全教育卡》，经本人签字确认并考试合格后，方能允许随同工作班参加指定的工作，且不得单独工作。工作过程中，专业班组要做好工作监护，确保安全生产和安装质量。

五、技术措施

1. 质量保证

项目内容及保证措施见表 B-1。

表 B-1　　项目内容及保证措施

项目内容	保证措施
盘、柜安装	严格按 GB 50171—2012《电气装置安装工程盘、柜及二次回路接线施工及验收规范》的规定执行
电缆（光缆）敷设、制作	严格安装按 GB 50168—2018《电气装置安装工程电缆线路施工及验收规范》的规定执行

续表

项目内容	保证措施
二次配线	严格按 GB 50171—2012《电气装置安装工程盘、柜及二次回路接线施工及验收规范》的规定执行
设备调试	1）严格按 GB 50150—2016《电气装置安装工程电气设备交接试验标准》及 Q/GDW 567—2010《配电自动化系统验收技术规范》的规定执行； 2）严格按照调试规程及厂家安装使用说明书进行； 3）熟悉图纸、做到图实相符； 4）认真检查每一开关量、保护回路、保护定值项等

2. 安全保证

（1）建立安全组织网络。

（2）制订安全控制关键点 。

（3）危险点监督、检查、落实 。

（4）组织学习本《施工方案》。

3. 进度保证

（1）对工程项目任务细化分解。

（2）编制进度计划表。

（3）任务分工落实，根据现场实际具体安排。

4. 成本控制

（1）材料使用，控制使用，严禁浪费。

（2）临时用工使用，充分合理地利用当天的辅助人员。

（3）任务分工落实，根据现场实际具体安排。

六、施工方案

1. 工作前准备

（1）准备项目。准备项目及内容见表 B-2。

表 B-2　　准备项目及内容

序号	准备项目	内容	备注
1	资料整理、图纸会审	运检部负责提供需安装配电自动化的线路及设备清单； 施工单位进行施工图纸会审； 结合光纤敷设计划，施工单位编制整体施工计划	
2	现场勘查	勘查由施工单位工作负责人担任，勘查内容包括：设备位置查寻、现场是否存在政策处理、危险点识别、制订安装方案、统计工程所需的材料	

续表

序号	准备项目	内容	备注
3	施工方案确认、制订、审核	1）施工单位现场勘查后，现场与设计吻合以设计图纸施工，不吻合情况，由设计出方案变更，以变更后方案为准进行实施。确认时间为七个工作日； 2）制订出详细的施工方案报运检部审核； 3）运检部对施工单位上报的施工方案进行审核，提出指导性意见，并及时反馈给施工单位	
4	政策处理	1）配电自动化综合柜基础施工办理开挖证； 2）给设备点所在物业、业主委员会、用户发配电自动化施工告知涵	
5	工器具准备	1）工作班组根据工作内容携带合适工具； 2）所有使用的工器具必须符合相应规范并效验合格	
6	配电自动化综合柜基础施工	1）施工质量：严格按照设计图纸进行施工； 2）施工安全：基础四周设置安全警示标示，防止行人不小心误入受伤； 3）文明施工：施工时做好围挡及防尘措施、恢复绿化与道路	
7	配电自动化综合柜安装	1）机柜在卸装、搬运过程中应该专人负责统一指挥，指挥人员发出的指挥信号必须清晰、准确，搬运过程应缓慢移动，防止严重的冲击和震荡，以免损坏柜体、构件或伤人； 2）机柜的固定可采用焊接，应注意不得损伤屏体； 3）柜体的接地及柜内的保护接地直接与接地网相连，接地应使用满足规范要求的镀锌扁铁； 4）开闭所内综合柜如安装在墙体上，应使用不小于 $\phi 12$ 的不锈钢膨胀螺丝固定。离地不小于 40cm	
8	通信光缆敷设、熔接	1）光缆敷设采用人工牵引方式，每隔 100m 或转弯处，需设接力牵扯引位。当跨度过大时，可以按段牵引，拉出的光缆应临时卷在放线架上； 2）放线架安全、牢固可靠，满足光缆弯曲半径要求； 3）光缆敷设的弯曲半径≥缆径的 25 倍，对光缆切口做好防潮措施； 4）光缆进入电缆沟、隧道、竖井、建筑物、盘（柜）以及穿管时，出入口应封堵密实； 5）标识牌格式应统一、清晰和整齐，挂装应牢固； 6）“三遥”改造点与主站测试贯通	

续表

序号	内容	标准	备注
9	上报停电计划	1）前提：以 10kV 线路为单位，线路上所有光缆已敷设、熔接到位，配电自动化综合柜已安装到位，一次、二次电缆综合柜侧安装到位，停电施工所需材料已备全； 2）配电平衡会，同调度中心配调确认最终停电计划	
10	工作票	1）工作票由施工班组工作负责人填写，工作票采用电力线路一种票/电力电缆一种票，开闭所内工作需采用变电一种票； 2）工作票中停电范围、工作内容、停电时间必须与审核后的停电计划相对应； 3）工作票填写完毕后交与工作票签发人签发	

（2）劳动组织。具体内容见表 B-3。

表 B-3　　劳动组织

序号	人员类别	职责	作业人数
1	工作负责人	1）工作前对工作人员交代安全事项，工作结束后总结经验与不足之处； 2）对现场作业危险源预控负有责任，负责落实防范措施； 3）对作业人员进行安全教育，督促工作人员遵守安规，检查工作票所载安全措施是否正确完备，安全措施是否符合现场实际条件； 4）明确工作人员的工作内容和要求	1 人
2	安全监护人	1）工作前对工作人员交代安全事项，工作结束后总结经验与不足之处； 2）严格遵照安规对作业过程安全进行监护； 3）对现场作业危险源预控负有责任，负责落实防范措施； 4）对作业人员进行安全教育，督促工作人员遵守安规，检查工作票所载安全措施是否正确完备，安全措施是否符合现场实际条件	1 人
3	工作人员	1）根据工作负责人要求和下达任务进行作业； 2）注意工作安全，携带安全工具、穿戴安全用具； 3）人员配备如下：开关改造人员 3 名，一次设备安装人员 4 名，二次安装人员 3 名	10 人
4	调试人员	技术岗位必须持有与作业工种相应、有效的上岗证。辅助工不得从事电气设备试验等专业工作。所有参加工作人员需经安规培训并考试合格	3 人

（3）人员要求。具体内容见表B-4。

表B-4　　人员要求

序号	内　容	备注
1	现场工作人员的身体状况、精神状态良好，具有类似工作经验	
2	所有作业人员必须具备必要的电气知识，基本掌握本专业作业技能及《国家电网公司电力安全工作规程（电气部分）》和《国家电网公司电力安全工作规程（线路部分）》的相关知识，并经安规考试合格，并报公司安监部备案	
3	所有作业成员认真学习本作业指导书，严格遵守、执行安全规程、现场“危险点分析及预控卡”及技术措施	
4	作业负责人必须经供电公司批准	

（4）工作设备与材料。具体内容见表B-5。

表B-5　　工作设备与材料

序号	名称	型号及规格	单位	数量	备注
1	配电自动化站所终端		台	1	含通信装置、TV
2	电流互感器		套	4～5	根据工作内容与现场情况
3	电力电缆	ZR-KVVRP-4×1.5	m	10	根据工作内容与现场情况
4	控制电缆	ZR-KVVRP-10×1.5	m	10	根据工作内容与现场情况
5	控制电缆	ZR-KVVRP-6×2.5	m	10	根据工作内容与现场情况
6	膨胀螺栓		只	8	根据工作内容与现场情况
7	封堵材料		kg	0.5	根据工作内容与现场情况

（5）工器具与仪器仪表。具体内容见表B-6。

表B-6　　工器具与仪器仪表

序号	名称	型号及规格	单位	数量	备　注
1	发电机		台	1	一个设备点一台
2	电源盘		只	1	带触保器
3	尖嘴钳		把	1	
4	活动扳手		把	2	
5	电工刀		把	1	
6	剥线钳		把	1	
7	螺丝刀（组合）		套	1	
8	梯子		张	1	根据需要携带防滑、绝缘，符合登高作业要求
9	测电笔		支	1	
10	触笔式万用表		只	1	
11	相序表		只	1	
12	现场照明		盏	1	
13	一次电流发生器		台	1	

（6）技术资料。具体内容见表 B-7。

表 B-7　　技术资料

序号	名　称	备注
1	施工技术方案	
2	施工设计说明及施工设计蓝图	
3	设备厂家安装使用说明书	根据需要

2. 不停电工作

不停电工作具体内容见表 B-8。

表 B-8　　不停电工作

序号	项目	内　容	说明
1	人员配置	1）工作负责人 1＋质安员 1； 2）终端安装：技术工人 1＋辅助工 1； 3）电缆敷设：技术工人 2＋辅助工 3； 4）设备调试：技术工人 2	
2	作业前工作	1）现场施工负责人向进入本施工范围的所有工作人员明确交底并签署（班组级）安全技术交底表； 2）工作负责人负责办理相关的工作许可手续，开工前做好现场施工防护围蔽警示措施； 3）作业现场各类工器具及材料应分类摆放整齐，做好标识，方便取用	按《安规》规定佩戴统一的安全帽、统一佩戴有个人相片的作业证（或胸卡证）、穿着统一的工作服
3	工厂化调试	1）DTU 设备参数设置，对设备电源管理、模拟量采样、遥信输入、遥控输出等进行调试； 2）在调试中心与主站达成通信，并完成与主站联调工作	在工厂化调试完成航空插头的组装及对线工作
4	配电自动化设备安装	1）壁挂式终端安装：箱体用膨胀螺栓直接固定在墙体上并采用角铁支撑。安装垂直、牢固；支撑角铁安装时须保持水平，受力均匀；箱体安装垂直；箱体安装高度按设计要求； 2）柜式终端安装：根据设计图确定柜的位置；柜体用螺栓固定，紧固螺栓完好、齐全，表面有镀锌处理；柜体安装应垂直； 3）根据设计要求，对箱体接地，接地应牢固良好。装有电器的可开启的门，应以裸铜软线与接地的金属构架可靠地连接； 4）安装完成后，终端应便于维护、拆装。终端与带电设备确保足够的安全距离	现场施工负责人正确、安全地组织作业，现场施工质安员负责现场作业全过程的安全、质量监控

续表

序号	项目	内　容	说明
5	控制电缆敷设	1）严格按照设计图施工，接线正确； 2）电缆敷设时，电缆应从盘上端引出，不应使电缆在支架上及地面摩擦拖拉，转弯位应该设置专人排放电缆，转弯处的电缆弯曲弧度一致、过渡自然。直线电缆沟的电缆必须拉直，不允许直线沟内有电缆弯曲或下垂现象； 3）电缆敷设同时应排列整齐，不宜交叉电缆，每敷设一条电缆要及时固定并装设标识牌，字迹应清晰、工整，且不易脱色； 4）控制电缆敷设完毕后，及时对终端电缆口进行封堵	现场施工负责人正确、安全地组织作业，现场施工质安员负责现场作业全过程的安全规范和质量跟踪

3. 停电工作

停电工作内容见表 B-9。

表 B-9　　　　停电工作

序号	项目	内　容	说明
1	人员配置	1）工作负责人 1＋质安员 1； 2）一次设备改造：技术工人 4＋辅助工 1； 3）电缆接线：技术工人 3＋辅助工 2； 4）设备调试：技术工人 2	
2	作业前工作	1）现场施工负责人向进入本施工范围的所有工作人员明确交底并签署（班组级）安全技术交底表； 2）工作负责人负责办理相关的工作许可手续，开工前做好现场施工防护围蔽警示措施； 3）作业现场各类工器具及材料应分类摆放整齐，做好标识，方便取用	按《安规》规定佩戴统一的安全帽、统一佩戴有个人相片的作业证（或胸卡证）、穿着统一的工作服
3	电流互感器安装	1）TA 精度在 0.5 级以上； 2）严格按照设计图纸安装电流互感器以及接线； 3）电流互感器安装在负荷柜的电缆出线侧，牢靠固定在电缆上； 4）电流互感器的接线端子面朝上，二次侧的极性应接线正确，三相极性一致； 5）二次侧负极端应可靠接地，电流互感器二次回路禁止开路； 6）零序电流互感器铁芯与其他导磁体之间不构成闭合回路	1）现场施工负责人正确、安全地组织作业，现场施工质安员负责现场作业全过程的安全规范和质量跟踪； 2）工作时间见每日进度计划表

续表

序号	项目	内　容	说明
4	电压互感器安装	1）开闭所TV容量3kVA以上，环网站1kVA以上； 2）严格按照设计图纸安装电压互感器以及接线； 3）电压互感器禁止短路	1）现场施工负责人正确、安全地组织作业，现场施工质安员负责现场作业全过程的安全规范和质量跟踪； 2）工作时间见每日进度计划表
5	电动操作机构安装	1）检查电动操作机构型号、驱动电压和现场开关柜型号、配电自动化终端匹配； 2）根据开关柜电动操作机构装配图纸，正确、牢固装配电动操作机构及进行二次控制回路配线； 3）装配完成后，手动分合开关，验证开关动作准确分合到位； 4）严格按照二次回路图，把相关控制、电源电缆连接与配电自动化终端连接； 5）按照试验要求试验电动操作机构远控、就地动作的准确性以及闭锁功能	1）现场施工负责人正确、安全地组织作业，现场施工质安员负责现场作业全过程的安全规范和质量跟踪； 2）工作时间见每日进度计划表
6	控制电缆敷设及接线	1）严格按照设计图施工，接线正确； 2）控制电缆中间不应有接头，导线线芯无损伤； 3）电缆芯线和所配导线的端部均应标明其回路编号，编号应正确，字迹清晰且不易脱色； 4）电缆终端头制作是采用的绝缘胶布、热缩带颜色统一。热缩带长度统一，电缆终端头美观、整齐； 5）双屏蔽的电缆，为了避免形成感应电位差，采用两层屏蔽层在同一端相连并接地	现场施工负责人正确、安全地组织作业，现场施工质安员负责现场作业全过程的安全规范和质量跟踪
7	配电自动化终端调试	1）联调前，应给柜体提供DC24V电源，现场准备发电机；测试时，应该按照单间隔测试。所有数据均记录在“DTU（环网柜）三遥信号记录表”中； 2）通信联调：设置终端通信参数与调度端匹配，测试连接状态正常； 3）遥测调试：根据现场实际情况设定配电自动化终端参数值，用试验仪对电流、电压等模拟量输入回路分别加入设计额定值的1/2、额定值、1.2倍额定值进行测试核对调度主站显示值与现场一致； 4）遥信量调试：现场模拟遥控信号核对调度主站显示信号与现场一致； 5）遥控调试：实际模拟遥控操作，检查开关分、合闸动作正确性。详细见南瑞公司编制的《自动化调试方案》	

4. 安装完成后工作

安装完成后工作具体内容见表 B-10。

表 B-10 安装完成后工作

序号	内 容
1	工作负责人检查工作现场、进行自我验收
2	收尾。拆除临时措施，检查核对所有标示牌，封盖、封堵孔洞，依清单查点工具与资料，彻底清扫作业区，进行工作总结
3	由工作负责人负责将工作内容、一次设备、二次设备安装情况、调试情况做好记录
4	对于验收合格的作业办理工作终结手续
5	填写配电自动化终端现场验收卡（见附录）

七、文明生产及注意事项

7.1 开闭所内人员要求：

7.1.1 所有人员进入变电站均应按规定正确佩戴安全帽，工作人员应穿工作服，绝缘鞋；

7.1.2 现场工作时严禁吸烟，吸烟及用餐应到指定地点；

7.1.3 无关人员不逗留工作场地，不到其他运行设备区域随意走动；

7.1.4 工作场所不高声喧哗，不影响他人工作；

7.1.5 垃圾分类倒至相应的垃圾箱。

7.2 设备及工器具定置摆放要求：

7.2.1 设备、工器具等应分类统一摆放至变电站内标示的定置区，摆放整齐，并做好工器具防风防雨措施；

7.2.2 使用电焊、气割等明火作业必须做好对易燃物品的隔离，并准备好灭火器材、并办理动火工作票。

7.3 废旧设备及垃圾：

7.3.1 回收废料，不污染环境，爱护绿化植被，并定置一块区域用于堆放废料和垃圾；

7.3.2 物资部门应及时对废旧设备进行报废、回收。

7.4 工作结束前，仔细检查现场，做到工完料尽场地清。

参 考 文 献

［1］杨云森．配电网自动化建设与配网运行管控［J］．通讯世界，2019（12）：264-265.

［2］杨斌杰．10kV 配电网自动化系统研究与技术实现［J］．电力设备管理，2019（06）：37-40.

［3］贾巍，雷才嘉，葛磊蛟，等．城市配电网的国内外发展综述及技术展望电力［J］．电容器与无功补偿．2020，41（01）：158-168，175.

［4］刘建军．配网自动化的必要性及技术问题的探讨［J］．电子制作，2017（20）：65-66.

［5］熊龙云，等．配电自动化试点方案探讨［J］．江西电力职业技术学院学报，2012，25（02）：25-30.

［6］陈艳，朱红勤，王赫．馈线自动化在配电自动化系统中的实现［J］．科技传播，2012，4（24）：168，149.

［7］国家电网有限公司．配电网规划设计技术导则：Q/GDW 10738—2020［S］．北京：中国电力出版社，2021.

［8］黄汉棠．地区配电自动化最佳实践模式［M］．北京：中国电力出版社，2011.

［9］徐丙垠，李天友．配电自动化若干问题的探讨［J］．电力系统自动化，2010，34（09）：81-86.

［10］国家能源局．配电自动化技术导则：DL/T 1406—2015［S］．北京：中国电力出版社，2015.

［11］李群，孙健，李顺宗．配电自动化建设与应用新技术［M］．北京：中国电力出版社，2020.

［12］国网浙江省电力有限公司．配电自动化建设与运维［M］．北京：中国电力出版社，2020.

［13］国家电网有限公司运维检修部．配电自动化运维技术［M］．北京：中国电力出版社出版，2018.

［14］王立新．配电自动化基础实训［M］．北京：中国电力出版社出版，2019.

［15］郭谋发．配电网自动化技术第 2 版［M］．北京：机械工业出版社，2018.

［16］刘渊，李镇春．配电网馈线自动化与故障处理［M］．北京：水利水电出版社，2019.